박쥐 생태 도감

A FIELD GUIDE TO KOREAN BATS

한국 생물 목록 28
CHECKLIST OF ORGANISMS IN KOREA

박쥐 생태 도감
A FIELD GUIDE TO KOREAN BATS

펴낸날 2020년 4월 14일
지은이 정철운
감수 한상훈

펴낸이 조영권
만든이 노인향, 백문기
꾸민이 ALL contents group

펴낸곳 자연과생태
주소 서울 마포구 신수로 25-32, 101 (구수동)
전화 02) 701-7345~6 **팩스** 02) 701-7347
홈페이지 www.econature.co.kr
등록 제2007-000217호

ISBN 979-11-6450-007-9 96490

박쥐 생태 도감

A FIELD GUIDE TO KOREAN BATS

글·사진 정철운

자연과생태

박쥐를 연구하면서 느끼는 것은 '아직도 박쥐에 대해 잘 모르는 분이 많구나' 하는 것입니다. 여전히 박쥐가 새인지 포유류인지 모르는 분도 있고, 우리나라 에 사는 박쥐들이 피를 빨아 먹고 사는지 묻는 분도 있으며, 막연히 부정적인 동물로 여기는 분도 있습니다. 이처럼 좋지 않은 이미지는 대개 드라큘라(흡혈귀) 나 이솝우화(간신배) 같은 서양 작품에서 비롯한 것이겠지요(사실 우리나라를 포함 한 동양에서는 예부터 박쥐를 복과 장수를 가져다주는 신성한 동물로 여겼습니다).

문제는 박쥐를 둘러싼 오해를 풀 수 있는 곳, 제대로 된 박쥐 정보를 얻을 수 있 는 곳이 우리 주변에 없다는 점입니다. 정확히 박쥐가 어떤 생물인지, 생태계에 서 어떤 역할을 하는지 안다면 이런 오해도 많이 사라질 텐데요. 박쥐 한 마리가 하룻밤에 잡아먹는 곤충은 수백에서 수천 마리에 이릅니다. 이 가운데 상당수는 사람들이 해충으로 분류한 종이지요. 자연스레 박쥐는 생태계에서 곤충 개체 수 를 조절하는 동시에 해충을 없애 줍니다.

지구에는 1,300종이 넘는 박쥐가 서식하며 우리나라에는 20종 이상이 알려져 있습니다. 이는 우리나라 육상 포유류의 약 25%에 해당하는 수치이지만 안타깝 게도 지금까지 국내에 서식하는 박쥐의 형태, 생태, 현황을 파악할 수 있는 자료 가 거의 없었습니다.

현재 우리나라에서는 붉은박쥐, 토끼박쥐, 작은관코박쥐를 천연기념물 또는 멸 종위기야생생물로 지정해 보호하고 있습니다. 그러나 국내 서식이 명확하지 않 거나 추가로 분류학적 연구가 필요한 종, 생태 자료가 없어 보호종 지정 논의조 차 못한 종이 더 많은 실정입니다. 그러므로 하루빨리 멸종위기종뿐만 아니라 우리나라에 서식하는 모든 박쥐의 분포, 특성, 서식지 등에 관한 연구가 이루어

겨야 하며, 이를 바탕으로 인간과 박쥐가 공존할 수 있는 환경을 조성해야 한다고 생각합니다.

이 책에서는 우리나라에 서식하는 것으로 기록되었거나 서식이 확인된 박쥐 23종을 소개했습니다. 그동안 우리나라에서 실체가 확인되지 않았던 종, 그림과 문헌으로만 접할 수 있던 종을 비롯해 대다수 종의 생김새를 국내에서 촬영한 사진으로 제시했습니다. 그리고 각 종의 형태 및 생태 정보는 물론 초음파 정보와 현황 및 분포 상황을 정리했으며, 박쥐 조사 매뉴얼과 보호, 관리 방법도 함께 실었습니다. 가능한 우리나라 박쥐의 모든 것을 담고자 노력했습니다.

이 책이 이 땅의 야생동물 보호와 환경 보전을 위해 활동하는 많은 연구자께 도움이 될 수 있기를 희망합니다. 또한 우리나라 미래 세대 생태학자들께는 박쥐를 새롭게 바라볼 수 있는 계기가 되기를 바랍니다.

이 책이 나오기까지 십수 년간 현장 조사를 함께해 준 김성철, 전영신, 김성대, 임춘우, 권용호, 김철영, 이화진, 이림, 김영채 선생님께 감사 말씀을 전합니다. 그리고 수십 년간 국내 야생동물을 보호하는 생태학자로서의 길을 굳건히 걸어오셨으며, 이 책의 시작과 끝이 가능할 수 있도록 도와주신 한상훈 박사님께 진심으로 감사드립니다. 끝으로 이 책의 가치를 높게 평가해 주시고 완성도 높은 결과물로 나올 수 있도록 해 주신 자연과생태 조영권 대표님과 노인향 편집장님께 감사드립니다.

2020년 4월
정철운

우리나라에 서식하는 것으로 기록되었거나 서식이 확인된 박쥐 4과 11속 23종을 소개했습니다.

■ 국명 및 학명: 지금까지 우리나라에서 박쥐 국명은 연구자에 따라 다양한 이름으로 기재되어 왔습니다. 이 책에서는 가장 일반적으로 쓰이는 국명을 채택하되, 혼용되는 이름은 본문에 별도로 설명했습니다. 학명은 가장 최근 자료를 기준으로 했으며, 처음 기재된 후 학명이 변경된 종은 그 내용을 본문에 실었습니다.

■ 크기: 국내에서 포획해 직접 측정한 크기를 나타냈습니다. 일부 국내에 표본이 없거나 과거 자료와 비교할 필요가 있는 종은 관련 문헌 측정값을 인용했으며, 문헌 정보를 함께 실었습니다. 본문에 기재한 크기는 각 측정값의 평균값이며, 최소값과 최대값은 괄호로 묶어 병기했습니다. 익형률(Ⅲ/Ⅴ)을 제외한 모든 크기 단위는 mm입니다.

■ 형태 및 생태: 저자가 국내에서 연구한 내용을 바탕으로 작성했습니다. 단, 국내 서식이 불명확하거나 표본이 없는 종은 외국 문헌을 참고했습니다.

■ 초음파: 우리나라에서 서식이 확인된 종에 한해 저자가 현장에서 녹음 및 분석한 초음파 자료를 근거로 작성했습니다.

■ 현황 및 분포: 각 종의 국외 및 국내 분포 현황과 우리나라 서식 실태를 설명했습니다.

■ 참고: 학명이나 분류학적 위치가 변경된 종은 국내 초기 분류에서부터 현재 학명과 분류학적 위치에 이르기까지 과정을 설명했습니다. 국내 채집 사례가 드문 종은 채집 시기와 장소 등을 기재했으며, 생태 및 분류학적 연구가 미흡한 종은 국내 연구 현황에 대해 설명했습니다. 모든 종에서 IUCN(세계자연보전연맹) 적색목록 범주에 따른 평가 등급을 실었으며, 한국 적색자료집에 등재된 종은 국내 평가 등급을 함께 기재했습니다.

■ 조사 매뉴얼: 지금까지 국내에 잘 알려지지 않은 박쥐 기본 조사, 연구 방법을 설명했습니다. 이를 바탕으로 박쥐 연구자들이 통일된 방법으로 조사, 연구할 수 있기를 바랍니다.

■ 보호와 관리: 미국 및 영국을 비롯한 여러 유럽 나라에서 알려진 박쥐 보호 방법론을 국내 환경에 맞게 적용해 설명했습니다. 아울러 그동안 쌓은 경험을 바탕으로 우리나라에서 필요한 박쥐 보호 방법을 정리했습니다.

차례

01 Traits of Bats

무리 특징

박쥐는 포유류 가운데 유일하게 날 수 있으며, 북극과 남극을 제외한 전 세계에 널리 분포한다. 지금까지 1,300종 이상 기록되었으며, 이는 설치류에 이어 두 번째로 많은 수로 포유류 가운데 약 1/4을 차지한다.

박쥐목(Chiroptera)은 대익수아목(큰박쥐아목, Megachiroptera)과 소익수아목(작은박쥐아목, Microchiroptera)*으로 나뉜다. 대익수아목(Old World Fruit Bats)은 과일을 주로 먹으며 아프리카, 아시아, 오스트레일리아, 태평양 섬 지역에 산다. 소익수아목(Echolocating Bats)은 곤충을 먹으며 일부 극지방을 제외한 전 세계에 산다. 지금까지 우리나라에 기록된 종은 모두 소익수아목에 속한다. 세상에서 가장 작은 박쥐는 베트남에 사는 *Craseonycteris thonglongyai*로 무게는 1.5g 정도고 비막은 15cm 미만이다. 가장 큰 박쥐는 동남아시아에 사는 대익수아목 과일박쥐류인 *Pteropus vampyrus*로 무게가 2kg이 넘고 비막 길이는 1.7m가량이다.

박쥐는 곤충을 비롯한 작은 동물, 동물 피, 과일 등 다양한 먹이를 먹는다. 그리고 대부분 크기가 작은데도 수명이 길고, 새끼를 적게 낳으며, 복합적인 사회 상호작용을 하는 등 큰 포유류와 같은 특징을 띤다. 이런 특성은 거꾸로 매달리거나 기어 다닐 수 있는 생김새, 날 수 있는 비막, 어둠 속에서도 장애물에 걸리지 않고 작은 곤충까지 정확히 찾아내는 초음파, 1년 중 절반가량에 이르는 긴 겨울잠 기간, 천적에게서 몸을 숨길 수 있는 서식지 등에서 비롯한다.

---

* 지금까지는 박쥐목을 대익수아목(大翼手亞目)과 소익수아목(小翼手亞目)으로 구분해 왔으나 여러 가지 논란이 있었다. DNA를 이용한 진화론 연구에 따르면 많은 소익수아목 종이 대익수아목에 더 가깝기 때문이다. 예를 들면, 대익수아목에 속하는 Long- tongued Fruit Bat(*Macroglossus minimus*)는 비막 길이가 15cm에 불과하며 무게 또한 15g 안팎인데, 소익수아목에 속하는 Spectral Bat(*Vampyrum spectrum*)는 비막 길이가 1m에 달하며 무게도 거의 200g에 이른다. 한편, 대익수아목에 속하는 Egyptian Rousette(*Rousettus aegyptiacus*), Geoffroy's Rousette(*Rousettus amplexicaudaus*) 등은 혀로 딸깍하는 소리를 내어 반향정위를 쓴다. 그런 이유로 최근에 일부 학자들은 중국어 yin(음)과 yang(양)을 따서 박쥐목을 Yinpterochiroptera(yinpterochiropterans)와 Yangochiroptera(yangochiropterans) 아목으로 나누기도 한다.

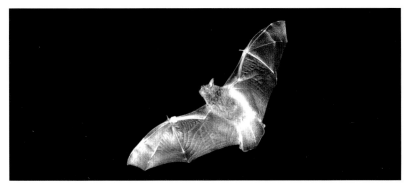
집박쥐. 소익수아목 종으로 작은 곤충을 먹는다.

박쥐는 어디에 사는지, 무엇을 먹는지, 어떻게 생활하는지에
따라 몸 크기, 털 색깔, 얼굴 모양, 귀와 이주 모양, 비막 모
양 등이 달라진다. 그러므로 박쥐를 이해하려면 생김새
뿐만 아니라 초음파, 서식지, 먹이 종류와 사냥법,
겨울잠 같은 생태도 잘 살펴야 한다.

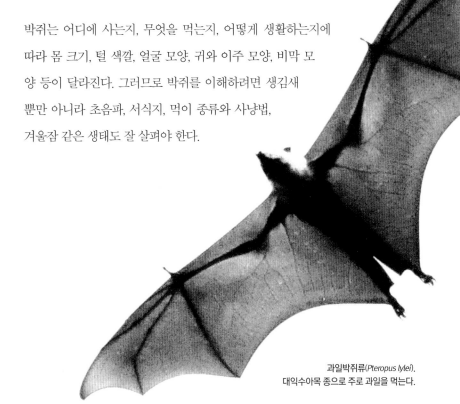
과일박쥐류(*Pteropus lylei*).
대익수아목 종으로 주로 과일을 먹는다.

형태

- HB(head and body): 두동장_입 끝에서 꼬리 기부까지 길이
- FA(forearm length): 전완장_척골 뒤에서 요골 앞쪽 끝까지 길이
- WS(wing span): 익장_비막을 펼친 상태에서 최대 길이
- Ⅲ/Ⅴ(3digit/5digit): 익형률_제5지 길이에 대한 제3지 길이 비율
- Tib(tibia): 하퇴골_무릎에서 발목까지 길이
- Hfcu(hindfoot length *cum unguis*): 발톱을 포함한 뒷발 길이
- T(tail): 꼬리 기부에서 끝까지 길이
- 비막: wing membrane, flight membrane

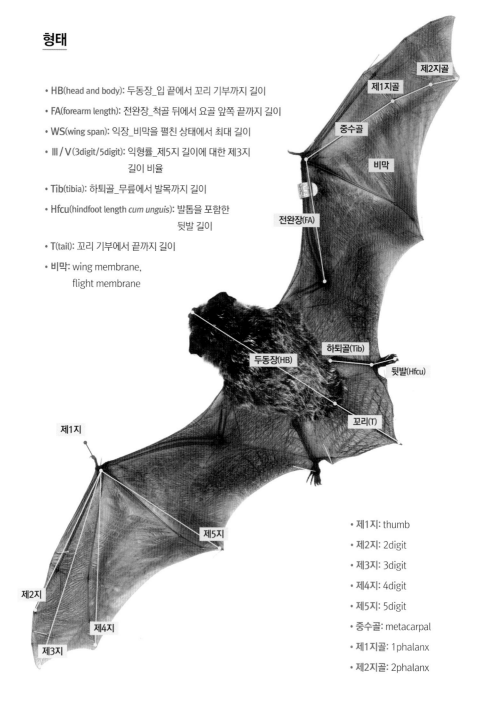

- 제1지: thumb
- 제2지: 2digit
- 제3지: 3digit
- 제4지: 4digit
- 제5지: 5digit
- 중수골: metacarpal
- 제1지골: 1phalanx
- 제2지골: 2phalanx

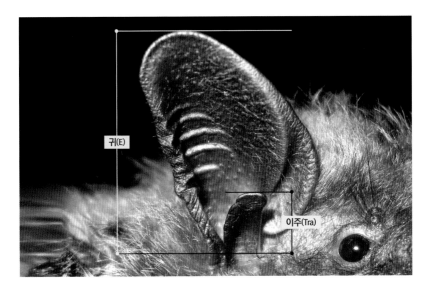

- E(ear): 귀 기부에서 끝까지 길이
- Tra(tragus): 이주 기부에서 끝까지 길이

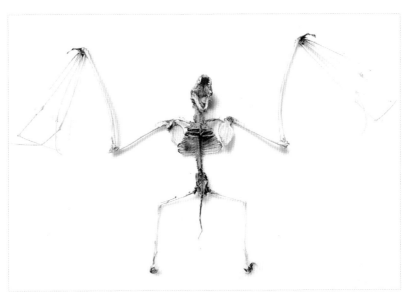

박쥐 골격

비막

얇은 피부막으로 많은 혈관이 지나며, 팔과 손가락뼈, 꼬리뼈로 지지된다. 하늘
다람쥐는 늘어진 피부막을 펼쳐 활공(gliding flight)하지만 박쥐는 손가락 사이 비
막으로 날갯짓 비행(flapping flight)을 한다.

비막은 위치에 따라서 손가락뼈 사이를 지지하는 지지막(dactylopatagium), 손목
과 목 사이에 있는 전비막(protatagium), 꼬리뼈를 지지하는 꼬리막(tail mambrane,
interfemoral membrane)으로 나뉜다. 앞팔에 붙은 비막은 비행할 때와 먹잇감(곤충)
을 감싸 안으며 잡을 때 쓴다. 꼬리막은 그물처럼 펼쳐져 곤충을 잘 잡을 수 있
도록 하며, 비행할 때 방향 전환을 돕는다.

비막 형태에 따라서 채식지, 먹이 종류, 비행 패턴, 사냥 방법 등이 달라진다. 비
막이 넓고 짧은 광단형(short and broad wing) 종은 구조가 복잡한 공간에서 느리게
날다가 먹이를 발견하거나 어떤 상황이 발생하면 재빨리 움직인다. 반면 비막이
좁고 긴 협장형(long and narrow wing) 종은 채식지 위를 빠르게 날고 공중에서 먹
이를 낚아챈다.

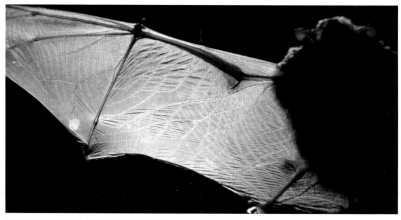

비막. 얇은 피부막이며, 수많은 혈관이 지나간다.

대표적인 비막 형태. 광단형인 관박쥐(위)와 협장형인 긴가락박쥐

얼굴

박쥐는 대개 종마다 얼굴 특징이 다르다. 관박쥐는 우리나라에 사는 박쥐 가운데 유일하게 비엽이 있다. 붉은박쥐는 눈이 매우 작으며, 문둥이박쥐는 주둥이가 두드러지게 크다. 토끼박쥐는 콧구멍과 눈 사이가 아주 볼록하고 콧구멍이 위로 열려 있다. 관코박쥐와 작은관코박쥐는 이름처럼 코가 관 모양으로 튀어나왔으며, 긴가락박쥐는 주둥이가 매우 짧다. 크기가 작고 생태 습성이 비슷한 큰수염박쥐속 종들은 얼굴도 매우 비슷하다.

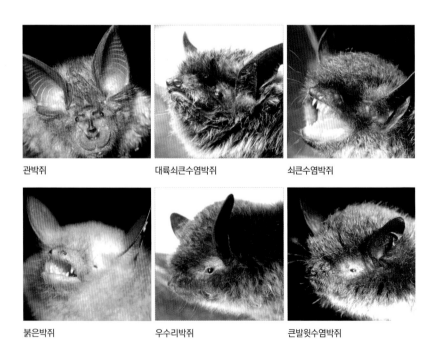

관박쥐   대륙쇠큰수염박쥐   쇠큰수염박쥐

붉은박쥐   우수리박쥐   큰발윗수염박쥐

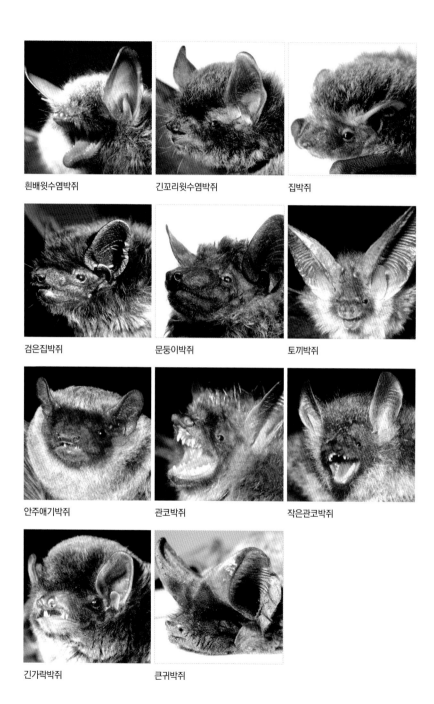

흰배윗수염박쥐 　　긴꼬리윗수염박쥐 　　집박쥐

검은집박쥐 　　문둥이박쥐 　　토끼박쥐

안주애기박쥐 　　관코박쥐 　　작은관코박쥐

긴가락박쥐 　　큰귀박쥐

귀와 이주

밤에 초음파를 쓰는 식충성 박쥐는 대부분 눈이 매우 작은 반면 귀와 이주가 아주 발달했다. 우리나라에 사는 박쥐 가운데 관박쥐를 제외한 모든 종에 이주가 있다. 종마다 형태가 달라 귀와 이주는 종을 구별하는 데 매우 유용하다. 큰수염박쥐속 종은 귀가 길고 이주가 뾰족하며, 집박쥐류와 안주애기박쥐, 긴가락박쥐 등은 귀와 이주가 짧고 끝이 둥글다. 그리고 관코박쥐와 작은관코박쥐는 귀 끝은 둥근 데 반해 이주는 뾰족하다.

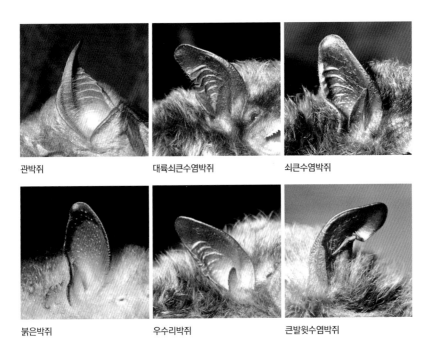

관박쥐   대륙쇠큰수염박쥐   쇠큰수염박쥐

붉은박쥐   우수리박쥐   큰발윗수염박쥐

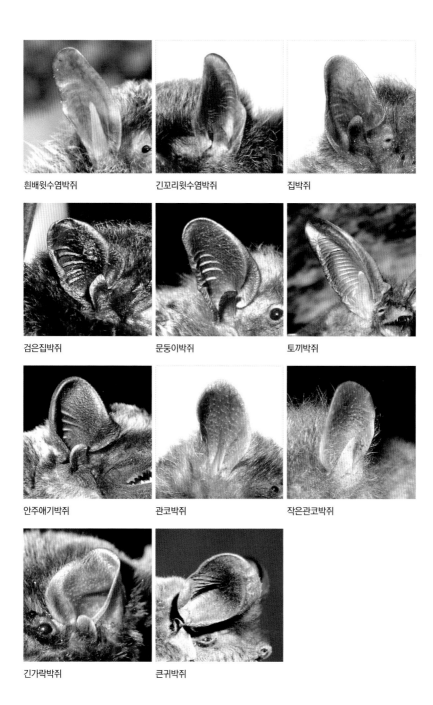

흰배윗수염박쥐　　　긴꼬리윗수염박쥐　　　집박쥐

검은집박쥐　　　문둥이박쥐　　　토끼박쥐

안주애기박쥐　　　관코박쥐　　　작은관코박쥐

긴가락박쥐　　　큰귀박쥐

털 색깔

우리나라에 사는 박쥐 털 색깔은 짙은 오렌지색을 띠는 붉은박쥐를 제외하고
는 대부분 갈색, 짙은 황색, 짙은 회색, 검은색 같이 어둡다. 다만, 안주애기박쥐
는 등 쪽 털이 부분 부분 흰색을 띠며, 관코박쥐는 털 일부분 끝이 은색 광택을
띤다.

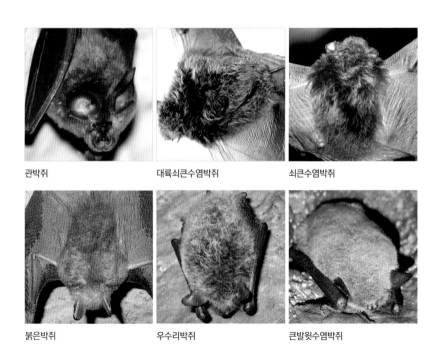

관박쥐   대륙쇠큰수염박쥐   쇠큰수염박쥐

붉은박쥐   우수리박쥐   큰발윗수염박쥐

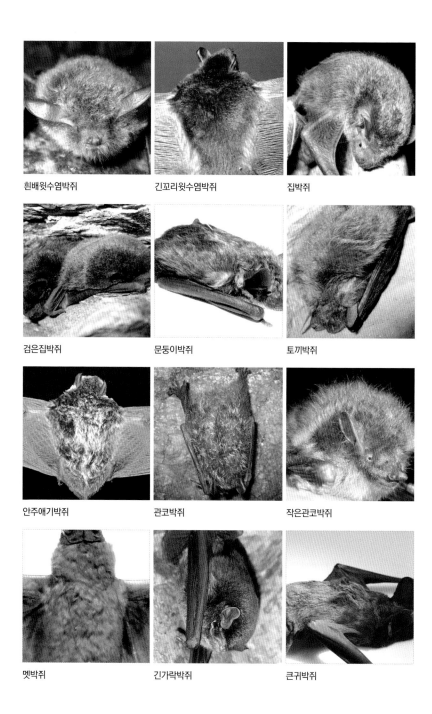

흰배윗수염박쥐　　긴꼬리윗수염박쥐　　집박쥐

검은집박쥐　　문둥이박쥐　　토끼박쥐

안주애기박쥐　　관코박쥐　　작은관코박쥐

멧박쥐　　긴가락박쥐　　큰귀박쥐

비막 부착 위치

관박쥐, 집박쥐, 토끼박쥐, 관코박쥐, 긴가락박쥐, 큰귀박쥐 등은 생김새에 특징이 있어서 구별하기 쉽다. 그러나 큰수염박쥐속처럼 얼굴, 귀와 이주, 털 색깔 등이 매우 비슷해 생김새만으로는 종을 구별하기 어려울 때는 비막 부착 위치가 매우 중요한 동정키가 된다. 큰수염박쥐속 가운데 대륙쇠큰수염박쥐, 쇠큰수염박쥐, 큰수염박쥐, 붉은박쥐, 흰배윗수염박쥐, 긴꼬리윗수염박쥐는 비막이 바깥쪽 발가락 기부에 붙어 있으나 우수리박쥐는 바깥쪽 발가락 중족골 중앙부, 큰발윗수염박쥐는 발목 또는 하퇴골 하단부에 붙어 있다.

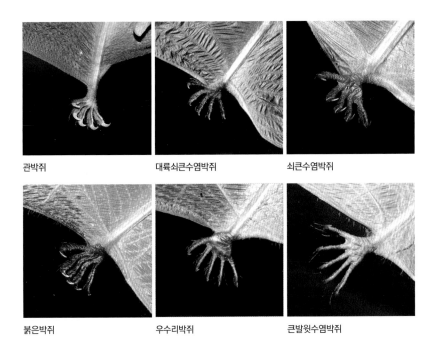

관박쥐   대륙쇠큰수염박쥐   쇠큰수염박쥐

붉은박쥐   우수리박쥐   큰발윗수염박쥐

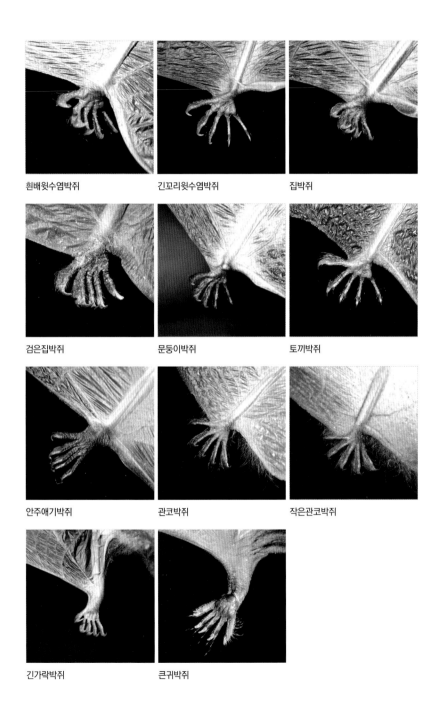

흰배윗수염박쥐 · 긴꼬리윗수염박쥐 · 집박쥐

검은집박쥐 · 문둥이박쥐 · 토끼박쥐

안주애기박쥐 · 관코박쥐 · 작은관코박쥐

긴가락박쥐 · 큰귀박쥐

뒷발

박쥐는 거꾸로 매달려 생활하거나 팔과 다리로 기어 다니거나 두 방식을 모두 쓰거나 한다. 그렇기에 종마다 뒷발 크기, 발가락 굵기, 발톱 형태와 길이 등이 다르다.

관박쥐

대륙쇠큰수염박쥐

쇠큰수염박쥐

붉은박쥐

우수리박쥐

큰발윗수염박쥐

흰배윗수염박쥐

긴꼬리윗수염박쥐

집박쥐

검은집박쥐

문둥이박쥐

토끼박쥐

안주애기박쥐

관코박쥐

작은관코박쥐

긴가락박쥐

큰귀박쥐

음경 및 음경골

수컷 음경 크기와 모양은 종별로 다양하다. 붉은박쥐는 몸에 비해 음경이 매우 짧은가 하면 집박쥐는 몸은 자그맣지만 음경은 우리나라 박쥐 가운데 가장 길다.

음경골은 박쥐목, 소형 식충류, 식육목, 설치목 등에서 보이는 구조로 포유류 분류에 쓰는 요소다. 보통 매우 짧고 귀두 안쪽에 있으며, 교미 기관 주변 조직을 지지하는 것으로 알려졌다. 최근까지도 종 분류와 근연관계 파악을 위한 음경골 크기와 모양 연구가 활발하다.

음경

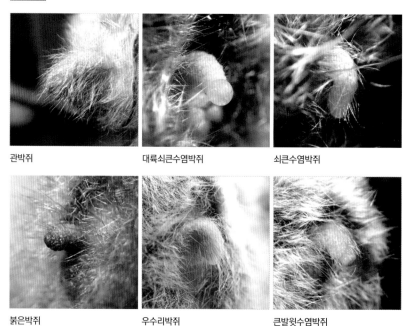

관박쥐   대륙쇠큰수염박쥐   쇠큰수염박쥐

붉은박쥐   우수리박쥐   큰발윗수염박쥐

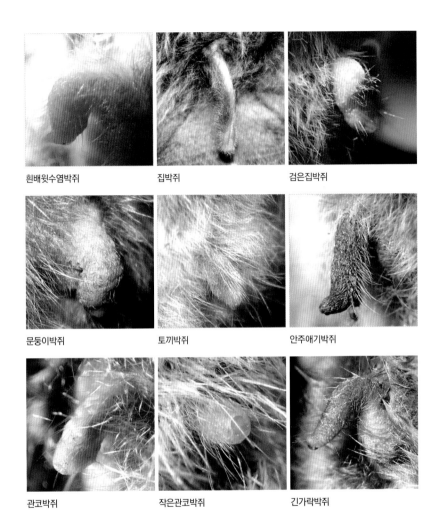

흰배윗수염박쥐   집박쥐   검은집박쥐

문둥이박쥐   토끼박쥐   안주애기박쥐

관코박쥐   작은관코박쥐   긴가락박쥐

음경골

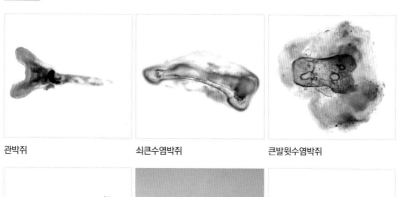

관박쥐   쇠큰수염박쥐   큰발윗수염박쥐

검은집박쥐   안주애기박쥐   관코박쥐

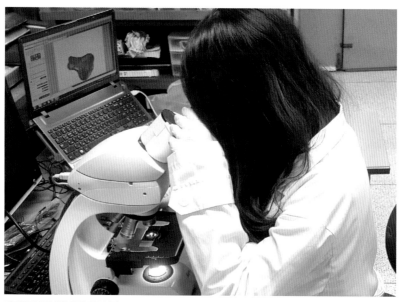

전자현미경을 이용한 음경골 분석

꼬리

우리나라에 사는 박쥐 가운데 꼬리가 꼬리막 밖으로 완전히 튀어나온 종은 큰
귀박쥐 하나뿐이며, 나머지 종은 꼬리 끝이 꼬리막 밖으로 전혀 튀어나오지 않
거나 1~5mm로 살짝만 삐져나온다.

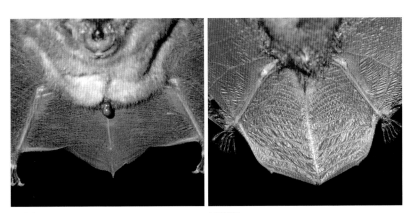

관박쥐   붉은박쥐

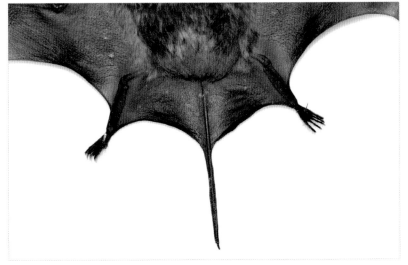

큰귀박쥐

두개골

종에 따라 두개골 형태, 크기는 물론 치열도 다르다. 이는 서식지와 먹이 종류에 따른 것이므로 두개골 특징을 알면 종 동정뿐만 아니라 생태까지 추측할 수 있다. 대개 천장에 매달려서 쉬는 종은 뇌함이 둥글지만 좁은 구멍이나 바위틈 등에서 쉬는 종은 뇌함이 납작하다.

- GLS(greatest length of skull): 두골 앞쪽 끝에서 후단부까지 최대 길이
- CBL(condylobasal length): 두골 앞쪽 끝에서 후두골 후단까지 길이
- ZYW(zygomatic width): 협골궁 사이 최대 너비
- B.BC(breadth of braincase): 뇌함 최대 너비
- D.BC(depth of braincase): 뇌함 정중부 최대 높이
- IOC(interorbital constriction): 안와 사이 최소 너비
- SC(sagittal crest): 시상릉
- LC(lambdoid crest): 람다릉

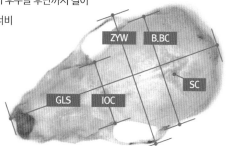

두개골(대륙쇠큰수염박쥐)

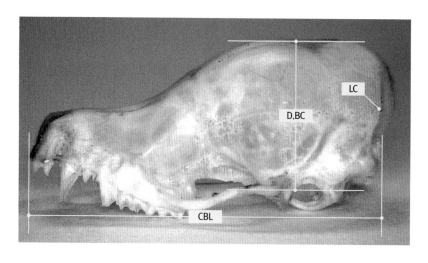

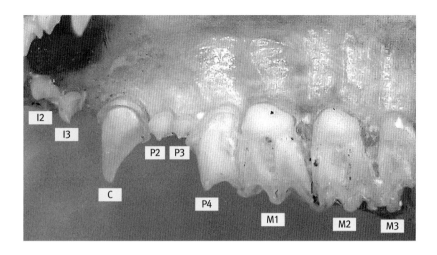

- C–M3(canine–molar): 위턱 송곳니에서 뒤쪽 어금니까지 거리
- C–C(width across upper canines): 위턱 송곳니 사이 거리
- M3–M3(width among molar): 위턱 뒤쪽 어금니 사이 거리

• I(incisor): 위턱 앞니	• i(incisor): 아래턱 앞니
• C(canine): 위턱 송곳니	• c(canine): 아래턱 송곳니
• P(premolar): 위턱 앞어금니	• p(premolar): 아래턱 앞어금니
• M(molar): 위턱 어금니	• m(molar): 아래턱 어금니

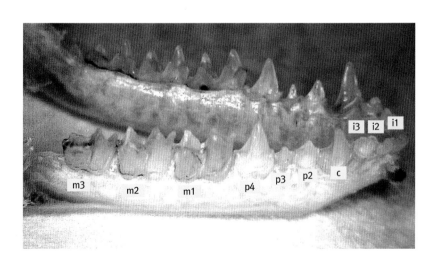

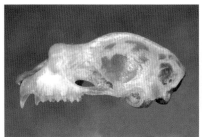

관박쥐

대륙쇠큰수염박쥐

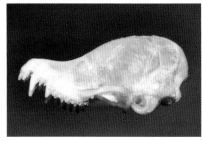

쇠큰수염박쥐

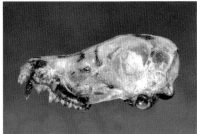

붉은박쥐

우수리박쥐

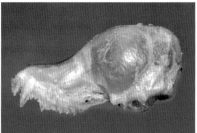

큰발윗수염박쥐

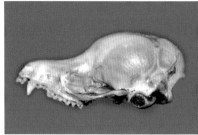

흰배윗수염박쥐

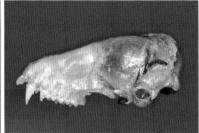

집박쥐

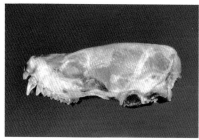

검은집박쥐

문둥이박쥐

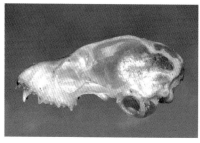

토끼박쥐

안주애기박쥐

관코박쥐

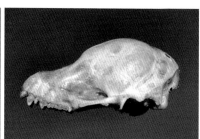

작은관코박쥐

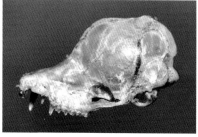

긴가락박쥐

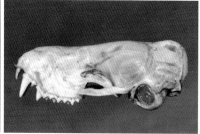

큰귀박쥐

초음파

박쥐는 발산한 초음파 반향(echo)으로 먹이 위치와 크기, 주변 환경을 인지하며 이를 반향정위(echolocation)라고 한다. 대익수아목은 대부분 초저녁에 활동하며 시각을 이용하지만, 우리나라에 사는 박쥐는 모두 소익수아목으로 밤에 초음파를 써서 활동한다. 대개 인간의 가청 범위를 벗어난 주파수를 초음파라고 하며, 박쥐가 쓰는 초음파는 20kHz에서부터 100kHz 이상까지 폭넓다.

박쥐가 발산하는 초음파 가운데 높은 주파수는 좁은 범위를 정밀히 탐색할 수 있어서 아주 작은 물체를 인지할 수 있으나 대기 영향을 받기 때문에 멀리 발산하지는 못한다. 반면에 낮은 주파수는 펄스 지속 시간이 더 길고 단순해서 넓은 영역 탐색에 적합하다. 그래서 천천히 비행하다가 상황에 따라 재빨리 반응하는 종은 높은 주파수대 초음파를 발산하는 편이고, 빠르게 비행하는 종은 낮은 주파수대 초음파를 발산하는 편이다.

박쥐 초음파에는 두 가지 패턴, 즉 초음파를 발산하는 동안 주파수가 변하는 주파수 변조형(frequency modulated, FM)과 주파수가 일정하게 유지되는 주파수 일정형(constant frequency, CF)이 있다. FM형은 큰수염박쥐속이 주로 쓰는 방식으로 매우 짧은 시간 동안 주파수가 급격하게 변하며 거의 수직에 가까운 모양을 보인다. 작은 식충성 종이 주변 환경을 자세하고 정확하게 탐색할 때 적합하다. CF형은 대개 더 긴 시간 동안 일어나며 관박쥐가 주로 쓰는 패턴이다. 이 원리는 반향 원인에 접근해 소리 피치가 올라갈 때와 멀어질 때 피치가 감소하는 도플러 효과(doppler shift)로 설명할 수 있다. 즉 곤충이 접근할 때 곤충에서 비롯한 반향은 원래 반향정위 파장보다 피치가 더 높고, 곤충이 날아가면서 멀어질 때는 피치가 더 낮아진다. 그러나 비행 환경, 먹이 포획 과정 등 여러 가지 외부 요인에 따라서 두 가지 또는 그 이상 패턴을 혼용할 때가 많다.

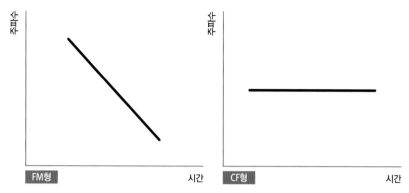

초음파 기본 형태. FM형은 시간 경과에 따라서 주파수가 변하며, CF형은 주파수가 일정하다.

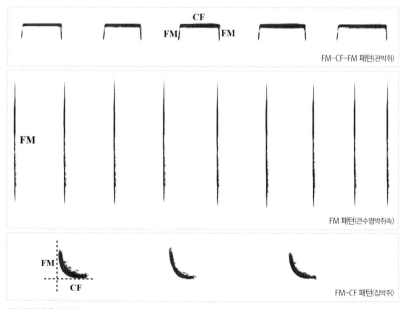

대표적인 초음파 패턴

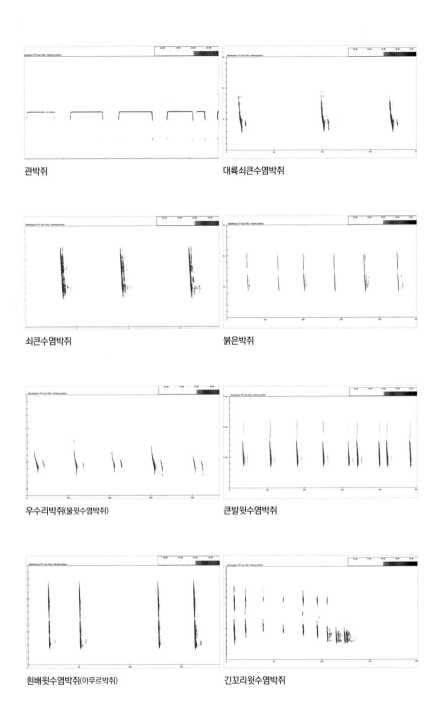

관박쥐

대륙쇠큰수염박쥐

쇠큰수염박쥐

붉은박쥐

우수리박쥐(물윗수염박쥐)

큰발윗수염박쥐

흰배윗수염박쥐(아무르박쥐)

긴꼬리윗수염박쥐

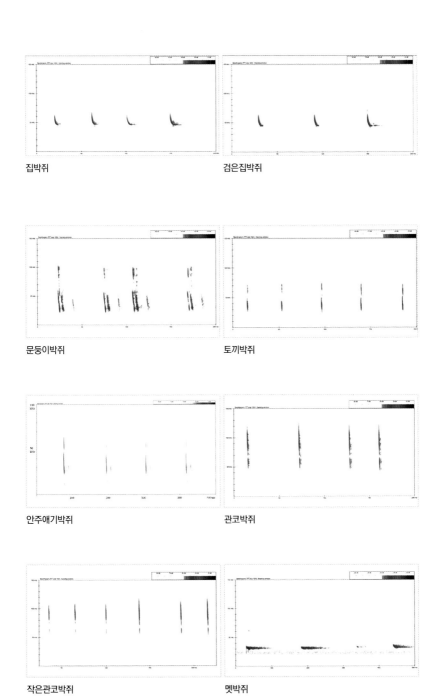

집박쥐

검은집박쥐

문둥이박쥐

토끼박쥐

안주애기박쥐

관코박쥐

작은관코박쥐

멧박쥐

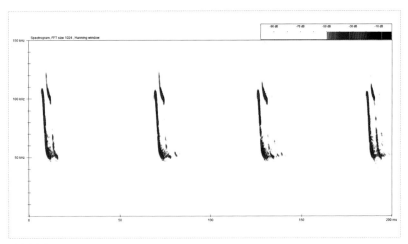

긴가락박쥐

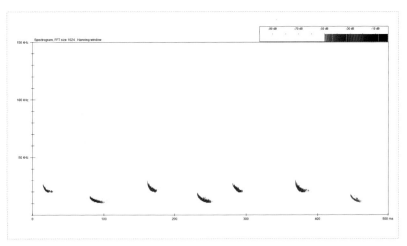

큰귀박쥐

겨울잠

박쥐는 포유류지만 환경에 따라서 체온을 조절(변온성, heterothermy)하는 능력이 있다. 활동기에는 비행해야 하므로 높은 체온을 유지하지만 겨울잠 시기(hibernation)나 일시 휴면기에는 체온을 낮춰 에너지 소모를 최소로 줄인다. 열대 지역은 일 년 내내 온도가 높아 먹이가 풍부하지만, 온대 지역은 겨울이 일정 기간 지속되어 식충성 박쥐가 먹을 곤충이 사라진다. 일부 박쥐는 철새처럼 따뜻한 지역으로 장거리 이동을 하지만, 온대 지역에 서식하는 박쥐 대부분은 겨울잠을 자며 에너지 소비를 줄여 생존한다.

박쥐는 자연 동굴, 폐광, 건물, 바위틈, 고목의 동공이나 수피 틈 같은 곳에서 겨울잠을 자며, 온습도가 적절히 유지되어 에너지 소비를 줄일 수 있는 곳을 선호한다. 일부 종 또는 같은 종에서도 예외가 있지만 대개 수십에서 수백 마리가 무리를 이루어 겨울잠을 잔다. 무리를 이루어 체온을 나누며 에너지 소비를 줄이려는 전략이다. 동굴 안쪽 동공이나 좁은 틈에서 겨울잠을 자는 종이라면 공간이 좁아서 몇 마리만 모여 지내지만 움푹한 천장부처럼 넓고 적절한 온습도가 유지되는 곳에서는 많은 개체가 모여 지낸다.

우리나라에 사는 종의 겨울잠 기간은 지역과 장소에 따라서 차이가 나지만 주로 11월에서 이듬해 4~5월까지다. 그러나 더 일찍 활동하거나 한겨울에 깨어나 겨울잠 장소를 옮기거나 바깥 활동을 하는 개체도 있다. 박쥐가 겨울잠을 자는 다른 포유류보다 쉽게 겨울잠에 들고 빨리 깨어나기도 하는 것은 겨울잠 장소 유형과 온도 변화 때문일 것으로 추측한다. 우리나라에서는 붉은박쥐가 가장 오래 겨울잠을 자는 것으로 알려졌다. 주로 10월 말부터 이듬해 5월까지, 일부 개체는 6월 중순까지 겨울잠을 잔다. 또한 대체로 암컷이 수컷보다 빨리 겨울잠에서 깨며, 겨울잠 장소를 떠난 암컷은 출산과 육아를 목적으로 무리를 이룰 때가 많다.

검은집박쥐

관박쥐

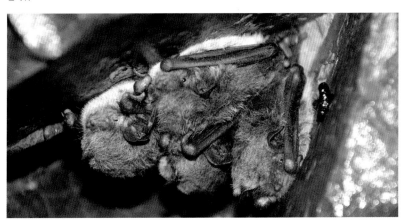

우수리박쥐

긴가락박쥐

번식

작은 포유류가 새끼를 많이 낳는 것과 달리 박쥐는 매우 적게 낳으며, 겨울잠 때문에 다른 포유류와 번식 패턴도 다르다. 보통 온대산 박쥐는 단발정(monoestrous)으로 연 1회 번식하며, 겨울잠 이후 먹이가 가장 풍부한 여름철에 1~3마리를 낳는다. 우리나라에 사는 박쥐 또한 가을에 발정해 겨울잠 이전에 짝짓기하며, 짝짓기 뒤에는 긴 겨울잠에 들기 때문에 정자저장(sperm storage) 또는 착상지연(delayed implantation) 방식을 쓴다.

정자저장은 온대성 종 대부분이 쓰는 방식으로 짝짓기 뒤부터 겨울잠이 끝날 때까지 암컷 몸속에 정자가 저장되고 암컷이 겨울잠에서 깨는 시기에 맞춰 배란과 수정이 일어난다. 따라서 임신 기간은 70~90일이다. 착상지연은 짝짓기 뒤 배란과 수정은 일어나지만 겨울잠 기간 동안 착상과 발생이 거의 진행되지 않다가 겨울잠이 끝난 뒤에 빠르게 진행되는 방식으로 임신 기간은 250~270일이다. 우리나라에 사는 박쥐 가운데 긴가락박쥐만이 착상지연 방식을 쓴다.

겨울잠에서 깬 뒤에 암컷은 새끼를 낳고 키우기에 알맞은 은신처를 찾는다. 주로 먹이가 풍부한 6월 말에서 7월 초에 혼자서 또는 수십에서 수백 마리가 무리를 이루어 새끼를 낳는다. 새끼는 3~4주 뒤에 어미와 비슷한 크기로 자라 스스로 난다.

정자저장형 박쥐 번식 패턴											
1월	2월	3월	4월	5월	6월	7월	8월	9월	10월	11월	12월
겨울잠			임신(배란, 수정)		출산	수유	독립, 분산	짝짓기		겨울잠	

착상지연형 박쥐 번식 패턴											
1월	2월	3월	4월	5월	6월	7월	8월	9월	10월	11월	12월
겨울잠				착상, 태아 발달		출산	수유	독립, 분산	짝짓기, 임신 (배란, 수정)	겨울잠	

암컷 출산 무리(문둥이박쥐)

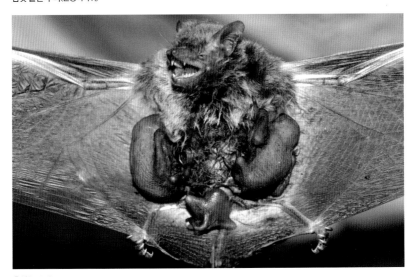

출산(집박쥐)

사냥

박쥐가 사냥하는 방법은 비막과 두개골 형태, 서식지 환경 등에 따라서 달라진다. 큰 곤충을 잡아먹는 종은 작은 곤충을 잡아먹는 종에 비해 머리와 아래턱이 커서 입을 더 크게 벌릴 수 있다. 이런 이유로 애기박쥐과 식충성 종에서는 먹이가 얼마나 단단한지에 따라 종마다 선호하는 먹이 종류가 달라진다. 턱이 강해 세게 물 수 있고 송곳니가 긴 종은 나방처럼 부드러운 먹이 대신 딱정벌레류처럼 딱딱한 먹이를 먹는다. 또한 비막이 협장형인 박쥐는 식생 위를 빠르게 날며 공중에서 먹이를 낚아채는 반면에 비막이 광단형인 박쥐는 구조가 복잡한 공간에서 느리게 날다가 상황에 따라 재빠르게 움직여 사냥한다. 사냥 방법은 hawking, gaffing, gleaning, stooping, pouncing, perch feeding 등으로 나눌 수 있으며, 환경에 따라서 한 가지 또는 여러 가지 방법을 섞어 쓴다.

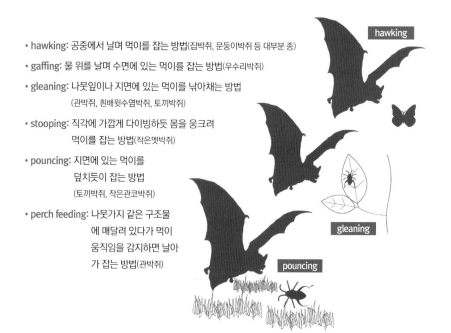

- hawking: 공중에서 날며 먹이를 잡는 방법(집박쥐, 문둥이박쥐 등 대부분 종)
- gaffing: 물 위를 날며 수면에 있는 먹이를 잡는 방법(우수리박쥐)
- gleaning: 나뭇잎이나 지면에 있는 먹이를 낚아채는 방법
  (관박쥐, 흰배윗수염박쥐, 토끼박쥐)
- stooping: 직각에 가깝게 다이빙하듯 몸을 웅크려
  먹이를 잡는 방법(작은멧박쥐)
- pouncing: 지면에 있는 먹이를
  덮치듯이 잡는 방법
  (토끼박쥐, 작은관코박쥐)
- perch feeding: 나뭇가지 같은 구조물
  에 매달려 있다가 먹이
  움직임을 감지하면 날아
  가 잡는 방법(관박쥐)

서식지

동굴*과 폐광

우리나라에 사는 박쥐 가운데 70% 이상은 동굴과 폐광을 이용한다. 활동기에는
은신하기에, 번식기에는 출산 및 수유하기에, 겨울철에는 겨울잠을 자기에 적합
하기 때문이다. 또한 규모가 큰 동굴이나 폐광은 여러 갈래로 뻗은 지굴을 비롯해
위치마다 환경이 다르므로 선호하는 장소가 다른 여러 종이 함께 살아갈 수 있다.
우리나라 동굴은 석회동굴, 용암동굴(화산동굴), 파식굴, 절리굴 등으로 구분한다.
내륙 박쥐는 주로 석회동굴, 제주도 박쥐는 용암동굴에 많이 산다. 바닷가나 강가
절벽에서 볼 수 있는 파식굴과 암석 절리면을 따라 이루어진 절리굴은 높은 바위
절벽 틈을 서식지로 선호하는 큰귀박쥐와 안주애기박쥐 등이 이용한다.

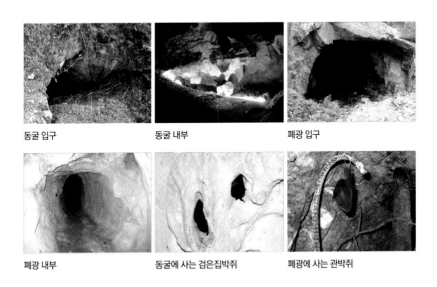

동굴 입구

동굴 내부

폐광 입구

폐광 내부

동굴에 사는 검은집박쥐

폐광에 사는 관박쥐

* 이 책에서 가리키는 동굴은 모두 자연 동굴을 뜻한다.

수계

강, 저수지, 계곡 등은 박쥐가 밤에 먹이를 찾을 때 가장 선호하는 곳이다. 박쥐가 주로 먹는 곤충 중 많은 종이 수계를 중심으로 살기 때문에 다른 환경에 비해 곤충 종 수와 개체 수가 많다. 특히 잘 보전된 수계는 식생이 다양해 곤충 풍부도가 한층 더 높다. 우리나라에 사는 박쥐 가운데 일부 산림성 종을 제외한 대부분이 밤에 수계에서 사냥한다. 특히 우수리박쥐는 야간에 대부분 수면 위를 낮게 날며 곤충을 포획하고, 집박쥐처럼 산림과 수계에서 모두 사냥하는 종도 수계에서 먹이를 잡을 때가 더 많다.

강

계곡

소하천

◀ 저수지
▼ 수면 위를 나는 우수리박쥐

산림

산림은 밤에는 사냥하고 낮에는 안전하게 숨을 수 있는 곳이다. 고목, 쓰러진 나무, 돌무더기, 작은 물가, 개활지, 비옥한 토지 등 다양한 환경으로 이루어지기에 계절에 따라 여러 곤충이 나타나 사냥하기에 좋다. 또한 산림 가장자리는 환경 완충 지대이므로 크고 작은 종이 사냥터로 쓴다. 오래된 산림에는 고목이나 고사목이 많기 때문에 조림이나 파편화된 산림보다 수피 틈이나 동공처럼 몸을 숨길 곳도 많다.

고목 동공   수피 틈   돌무더기

쓰러진 고목   수피 틈에서 쉬는 대륙쇠큰수염박쥐

바위 절벽

산림 내 기암괴석으로 이루어진 높은 암반 절벽, 큰 수계 산림 사면 암석 지대, 해안가 바위 절벽 같은 곳은 천적이 접근하기 어려워 안전하다. 바위 사이 공간이나 바위틈이 많은 암반 절벽은 특히 문둥이박쥐, 안주애기박쥐, 큰귀박쥐 등이 선호하며, 검은집박쥐와 큰수염박쥐속 종도 자주 보인다.

박쥐가 이용하는 암반 절벽

암반 틈에서 겨울잠을 자는 안주애기박쥐

해안가 바위 절벽 사이에서 겨울잠을 자는 검은집박쥐

건물

박쥐는 민가를 포함해 도심 교외에 조성된 구조물을 야간 사냥 장소, 주간 은신처, 겨울잠 장소로 이용한다. 도심 공원과 가로등 주변은 곤충이 많이 모여들기 때문에 사냥터로 알맞다. 예전에는 기와집, 초가집, 목조 주택, 벽돌 건물 등에 집박쥐나 문둥이박쥐 등이 많이 살았지만 주택 형태가 바뀌면서 이제는 박쥐가 민가를 이용하기가 어려워졌다. 최근에는 건물과 간판 사이 틈에서 지내는 일이 많다.

서식지로 삼는 건물 형태

야간 채식지인 가로등 주변을 나는 박쥐

야간 채식지인 도심 공원

목조 창고를 은신처로 삼은 관박쥐

민가 담장 틈에서 지내는 집박쥐 어미와 새끼

간판 틈에 숨어 지내는 박쥐

다리(교량)*

다리 아래나 틈은 비와 바람, 천적을 피할 수 있어서 박쥐에게 좋은 은신처가 된다. 박쥐는 해가 진 뒤 한 차례 사냥하고서 다음 사냥에 나서기 전까지 일정한 장소에서 쉰다. 비행하며 사냥하고, 잡은 먹이를 먹고 그에 따라 몸무게가 느는 것까지 박쥐에게는 에너지 소모이기 때문에 쉬면서 소화하고 배설할 시간이 필요하다. 이럴 때는 다리를 휴식 장소로 이용한다. 또한 온습도가 적당하고 물가와 가까워 짝짓기, 수유, 겨울잠 장소로도 쓴다. 우리나라에서는 관박쥐, 대륙쇠큰수염박쥐, 우수리박쥐, 큰발윗수염박쥐, 집박쥐, 검은집박쥐, 문둥이박쥐가 다리 하부 챔버 또는 다리 경간 이음새 틈을 이용한다.

박쥐가 이용하는 콘크리트 거더교 형태와 하부 구조

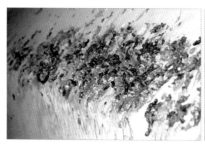

다리 밑 박쥐 흔적

* 이 책에서 가리키는 다리는 모두 콘크리트나 철재로 만들어졌으며 여러 차량이 동시에 지나다닐 수 있는 큰 다리를 뜻한다. 그러므로 작은 시내에 놓였거나 통나무로 만들어진 작은 다리는 해당하지 않는다.

검은집박쥐

문둥이박쥐

관박쥐

대륙쇠큰수염박쥐

02 Korean Bats

A Field Guide to Korean Bats

한국 박쥐

박쥐는 전 세계에 1,300종 이상이 알려졌다. 우리나라에는 4과 11속 23종이 기록되었으며, 이는 국내 육상 포유류 종의 약 25%에 해당한다. 한국산 박쥐 연구는 1900년대 초반, 주로 외국 학자가 채집해 기초 정보를 기록하는 데서 출발했다. 그 뒤 1900년대 후반에 이르러 국내 연구자들이 형태, 분류, 생태를 연구하기 시작했다. 지금까지 국내에 기록된 종은 모두 소익수아목에 속하는 식충성으로 초음파를 이용해 밤에 활동한다.

1900년대 초에 상당수 종이 기록되었지만 그 뒤 동종이명(synonym)으로 확인되거나 반세기 이상 채집 사례가 없는 등 정확한 실태 연구는 부족한 편이다. 우리나라에 기록된 종 가운데 붉은박쥐, 토끼박쥐, 작은관코박쥐 3종은 멸종위기야생생물로 지정, 보호한다. 그러나 겨울잠 장소를 포함한 서식지 특성, 국내 개체군 크기, 생태 특성이 전혀 알려지지 않아 보호종 선정 논의 대상조차 되지 못하는 종이 더 많다.

그런가 하면 최초 기록 이후 50년이 지나도록 관찰되지 않아 국내 서식이 의심되었던 작은관코박쥐를 재확인하고(저자), 표본이 없어 국내 서식을 추정만 할 뿐이었던 큰귀박쥐와 긴꼬리윗수염박쥐의 실체를 확인한(저자) 것과 같은 성과도 있었다. 앞으로 연구 기법이 발전하고, 여러 연구자가 한국산 박쥐를 연구한다면 국내 서식 실태를 파악하고, 분류 기준을 정립하며, 생태도 많이 밝힐 수 있을 뿐만 아니라 더 많은 종을 확인할 수도 있으리라 생각한다.

한국 박쥐 목록

박쥐목 Order Chiroptera			
과 Family	속 Genus	학명 Scientific name	국명 Korean name
관박쥐과 Rhinolophidae	관박쥐속 *Rinolophus*	*Rhinolophus ferrumequinum*	관박쥐
애기박쥐과 Vespertilionidae	큰수염박쥐속 *Myotis*	*Myotis aurascens*	대륙쇠큰수염박쥐
		Myotis ikonnikovi	쇠큰수염박쥐
		Myotis sibiricus	큰수염박쥐
		Myotis rufoniger	붉은박쥐
		Myotis petax	우수리박쥐(물윗수염박쥐)
		Myotis macrodactylus	큰발윗수염박쥐
		Myotis bombinus	흰배윗수염박쥐(아무르박쥐)
		Myotis frater	긴꼬리윗수염박쥐
	집박쥐속 *Pipistrellus*	*Pipistrellus abramus*	집박쥐
	검은집박쥐속 *Hypsugo*	*Hypsugo alaschanicus*	검은집박쥐
	문둥이박쥐속 *Eptesicus*	*Eptesicus serotinus*	문둥이박쥐
		Eptesicus kobayashii	고바야시박쥐(서선졸망박쥐)
		Eptesicus nilssonii	생박쥐(작은졸망박쥐)
	토끼박쥐속 *Plecotus*	*Plecotus ognevi*	토끼박쥐
	애기박쥐속 *Vespertilio*	*Vespertilio sinensis*	안주애기박쥐
		Vespertilio murinus	북방애기박쥐
	관코박쥐속 *Murina*	*Murina hilgendorfi*	관코박쥐
		Murina ussuriensis	작은관코박쥐
	멧박쥐속 *Nyctalus*	*Nyctalus aviator*	멧박쥐
		Nyctalus furvus	작은멧박쥐
긴가락박쥐과 Miniopteridae	긴가락박쥐속 *Miniopterus*	*Miniopterus fuliginosus*	긴가락박쥐(긴날개박쥐)
큰귀박쥐과 Molossidae	큰귀박쥐속 *Tadarida*	*Tadarida insignis*	큰귀박쥐

관박쥐

Greater Horseshoe Bat
Rhinolophus ferrumequinum (Schreber, 1774)

크기

HB: 62.0(56.0~70.0), FA: 58.0(52.0~63.0), E: 18.0(15.0~24.0), WS: 350(310~385), Ⅲ/Ⅴ: 1.13(1.01~1.18), Tib: 25.0(24.0~27.0), Hfcu: 13.0(10.0~15.0), T: 35.0(31.0~40.0), GLS: 24.0(23.0~25.0), CBL: 21.8(21.1~22.6), ZYW: 12.0(11.6~12.4), B.BC: 9.3(8.8~9.8), D.BC: 9.6(9.2~10.1), IOC: 2.9(2.7~3.1), C-M3: 8.5(8.3~8.9), C-C: 6.2(5.7~6.6), M3-M3: 8.6(8.4~9.0)

형태

관박쥐속에서 가장 큰 종이다. 등 쪽 털은 매우 부드럽고 밝은 갈색 또는 황색을 띠며(1), 배 쪽 털은 등보다 옅은 회백색을 띤다. 어린 개체일수록 전체적으로 회색이 짙으며(2), 성장할수록 갈색이 두드러진다. 다른 박쥐와 달리 코에 비엽이 있다. 비엽은 둥근 말발굽 모양이며(3) 이것을 이용해 초음파를 발산한다. 귀는 크고 이주가 없다. 귀는 중앙부 귓바퀴 너비가 넓고 둥글며 끝으로 갈수록 급하게 좁아져 뾰족하다(4). 비막과 귀는 반투명하며 짙은 갈색을 띤다. 비막은 짧고 너비가 넓은 광단형으로 발목 또는 하퇴골 하단부에 붙었다(5). 하퇴골은 두동장의 약 40%이며, 뒷발은 하퇴골 절반을 조금 넘는다. 꼬리는 두동장의 약 56%이며, 꼬리 끝이 꼬리막 밖으로 나오지 않는다(6). 수컷 음경은 평균 6.7mm이며, 음경골은 Y자 모양이다(7).

1 형태 및 털 색깔

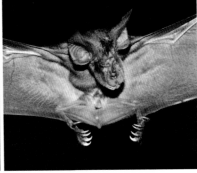

2 새끼

치식은 I 1/2 + C 1/1 + P 2/3 + M 3/3 = 32다. 두골은 너비가 좁고 길며, 뇌함
높이는 뇌함 폭의 100%다. 람다룽과 시상룽은 잘 발달했으며, 주둥이와 전두골
중앙 부분은 볼록하다(8). 위턱 앞니(I2)는 1쌍으로 매우 작다(9). 위턱 앞쪽 앞어
금니(P2)도 매우 작으며 치열 밖으로 나와 옆에서 볼 때 송곳니와 뒤쪽 앞어금
니(P4)가 맞닿은 것처럼 보인다(10). 아래턱 앞니는 2쌍으로 삼지창 모양이다(11).

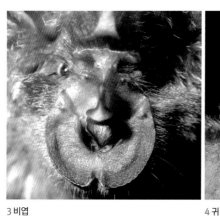

3 비엽

4 귀

5 비막

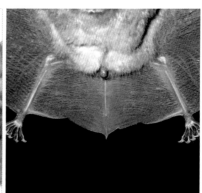

6 꼬리

7 음경 및 음경골

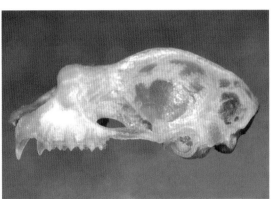

8 두개골

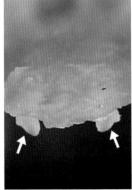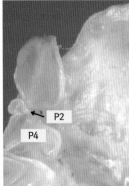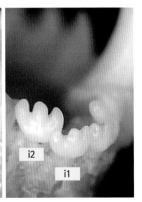

9 위턱 앞니   10 위턱 앞어금니   11 아래턱 앞니

생태

우리나라에서 가장 폭넓게 분포하는 종으로 연중 동굴이나 폐광을 이용한다
(12). 겨울잠 장소 온도와 습도에 대한 내성 범위가 매우 넓어 동굴 입구에서부터
막장에 이르기까지 다양한 위치에서 겨울잠을 잔다. 단독 혹은 수십에서 수백
마리씩 무리를 이루며, 양쪽 비막으로 온몸을 감싼 채 매달려 겨울잠을 잔다(13).
출산도 동굴이나 폐광에서 이루어지며, 임신한 암컷이 집단을 이룬다. 6월 하순
에서 7월 초순에 걸쳐서 보통 1마리를 낳는다(14). 은신처에서 거꾸로 매달린 상
태로 새끼를 낳으며 갓 태어난 새끼는 어미에게 매달려 젖을 먹고 아주 빠르게
성장한다. 어미는 거꾸로 매달리고 새끼는 위를 보며 매달려 젖을 먹고(15), 어미
가 먹이 사냥을 나간 동안에 새끼는 은신처에서 거꾸로 매달려 지낸다(16). 보통
암컷은 새끼를 동굴이나 폐광 속에 매달아 놓고 밤에 곤충을 잡으러 나가는데,
때로는 새끼를 야간 채식 장소나 임시 은신처까지 데리고 가서 근처에 남겨 둔
뒤 사냥하기도 한다(17, 18). 어미는 야간 활동을 마친 뒤 동굴로 돌아오면 음성 신
호로 자기 새끼를 구별한다. 새끼는 보통 태어난 뒤 3주가 지나면 가까운 거리를
날고 사냥하며, 40일이 되기 전에 완전히 젖을 떼고 6~8주 뒤에는 독립한다.
우리나라에 사는 박쥐는 모두 입으로 초음파를 발산하지만, 관박쥐만 코(비엽)로
발산한다. 비막은 짧고 넓기 때문에 천천히 팔랑이면서 날며 주로 식생이 복잡

12 폐광 안에서 날아다니는 모습

13 단독 또는 군집을 이루어서 겨울잠을 잔다.

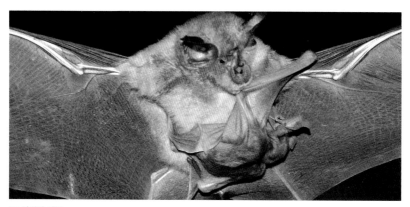

14 어미와 새끼

15 거꾸로 매달려 젖을 먹인다.　16 동굴에서 어미를 기다리는 새끼

17 새끼를 매달고 다리 아래에서 쉬는 어미 18 다리 아래에서 어미를 기다리는 새끼

한 산림 내부와 가장자리에서 사냥한다. 대개 나뭇가지 같은 구조물에 매달려서 초음파를 발산하고, 반향으로 먹이 움직임을 감지하면 즉시 날아가 잡는다. 파리목, 나비목, 딱정벌레목, 날도래목, 강도래목, 잠자리목, 노린재목 등을 먹는다. 우리나라에서 조사된 관박쥐 활동기 행동권은 68ha가량으로 암컷은 평균 85ha, 수컷은 51ha다. 행동권 크기는 시기에 따라서 차이를 보이며, 암컷은 양육이 완전히 끝난 9월에 행동권이 가장 넓으며, 수컷은 8월에 가장 넓다. 지금까지 알려진 평균 수명은 9년이며, 일본에서는 최대 23년, 유럽에서는 최대 30년 이상 생존한 기록이 있다. 우리나라 박쥐 가운데 수명이 가장 길다.

초음파

초음파는 FM-CF-FM형으로 우리나라에 사는 박쥐 가운데 가장 독특한 패턴을 보인다(19). 초음파 범위는 58~70kHz며, 최대 강도는 CF 시그널 범위인 약 69kHz에서 확인된다. 가까운 곤충을 사냥할 때는 강도가 짧고 낮은 FM형을, 복잡한 산림에서 곤충의 움직임을 감지할 때는 긴 CF 시그널을 이용한다. 특히 초음파 펄스 지속 시간이 70ms 내외로 다른 박쥐보다 긴 편이어서 곤충의 미세한 움직임을 더 잘 감지할 수 있다. 같은 종이라도 지역과 위도에 따라서 주파수 피크가 다르다. 우리나라에 사는 관박쥐는 약 69kHz, 유럽에서는 80kHz, 일본 관동 이북에서는 65~66kHz에서 피크를 보인다.

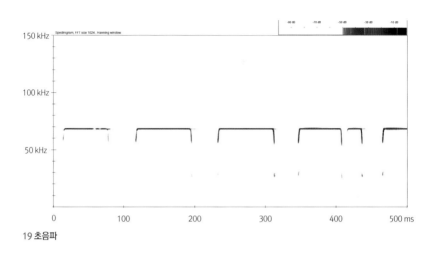

19 초음파

현황 및 분포

아프리카 북부, 유럽 남부에서부터 아시아까지 넓게 분포한다. 우리나라에서도 제주도와 울릉도를 포함한 전국에 분포하며 가장 흔한 종이다.

참고

북한에서는 주름코박쥐라고 한다. 예전에는 제주도에서 채집된 개체를 내륙에 사는 관박쥐(*Rhinolophus f. korai*)와 구별해 제주관박쥐(*R. f. quelpartis*)로 분류했으나 현재는 같은 종으로 취급한다. IUCN 적색목록에서는 관심대상(LC)으로 분류한다.

대륙쇠큰수염박쥐

Siberian Whiskered Bat, Steppe Whiskered Bat
Myotis aurascens Kusjakin, 1935

크기

HB: 45,0(43.0~47.0), FA: 36,5(34.0~39.0), E: 13,3(11.7~16.0), Tra: 7,5(6.5~9.0), WS: 235(225~240), Ⅲ/Ⅴ: 1,24(1.21~1.30), Tib: 17,0(15.4~17.9), Hfcu: 7,9(5.6~9.9), T: 40,8(38.2~43.5), GLS: 14,6(14.5~14.7), CBL: 13,8(13.6~13.9), ZYW: 8,7(8.5~8.9), B,BC: 7,0(6.9~7.2), D,BC: 5,9(5.5~6.5), IOC: 3,8(3.7~3.9), C-M3: 5,3(5.1~5.4), C-C: 3,7(3.7~3.8), M3-M3: 5,8(5.6~5.9)

형태

등 쪽 털은 짙은 갈색이며 털 끝은 금속 광택을 띠고, 배 쪽 털은 짙은 회색 또는 흑갈색을 띤다(1). 새끼는 검은색을 띠며, 성장할수록 점차 짙은 갈색으로 옅어진다(2). 귀는 크고 흑갈색이며, 귓바퀴 중간 지점에 가로 주름이 여러 개 있어 뒤로 굽은 듯 보인다. 이주는 끝부분이 약간 앞으로 휘었으며, 평균 7.5mm로 귀 길이의 절반가량이다(3). 익형률은 약 1.24로 큰수염박쥐속 다른 종과 비슷하며, 비막은 바깥쪽 발가락 기부에 붙었다(4). 하퇴골은 두동장의 약 38%이며, 뒷발 길이는 약 8.0mm로 하퇴골 길이의 46%다. 꼬리는 두동장의 90%가량으로, 꼬리 끝은 꼬리막 밖으로 2.0mm 이상 삐져나왔다(5). 수컷 음경은 3.0mm가량으로 큰수염박쥐속에서 쇠큰수염박쥐와 더불어 짧은 편이다(6). 지금까지는 두동장과 전완장 차이를 살펴 대륙쇠큰수염박쥐와 쇠큰수염박쥐를 구별했으나 최근

1 털   2 새끼

에는 꼬리막 혈관이 뻗은 형태 차이도 함께 살핀다. 대륙쇠큰수염박쥐는 혈관이 거의 직선이나 쇠큰수염박쥐는 두 번 꺾인다(7).

치식은 I 2/3 + C 1/1 + P 3/3 + M 3/3 = 38이다. 시상릉은 두드러지지 않으며, 람다릉은 후두골 중앙부에서는 덜 발달했지만 옆면에서는 매우 잘 드러난다(8). 위턱 앞쪽 앞니(I2)는 뒤쪽 앞니(I3)보다 약간 길며, 1/3 지점에 후교두가 뚜렷하게 드러난다(9). 앞쪽 앞어금니(P2)와 중간 앞어금니(P3)는 매우 작으며, 뒤쪽 앞어금니(P4)는 송곳니보다는 짧으나 길이가 긴 편이다(10). 아래턱 앞니는 삼지창 모양 3엽으로 서로 겹치며, 뒤쪽 앞니(i3)가 가장 크다(11).

3 귀와 이주

4 비막 부착 위치

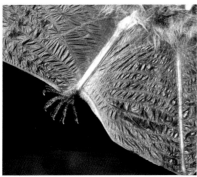

5 뒷발, 하퇴골, 꼬리

6 음경

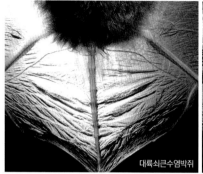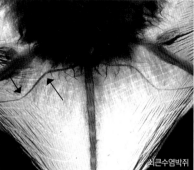

대륙쇠큰수염박쥐

쇠큰수염박쥐

7 비막 혈관이 뻗은 형태

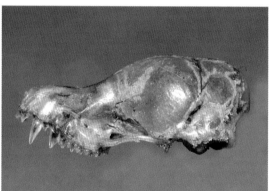

8 두개골

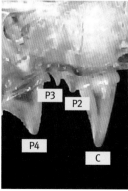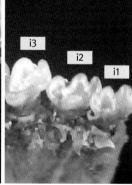

9 위턱 앞니

10 위턱 앞어금니

11 아래턱 앞니

생태

우리나라에 사는 큰수염박쥐속 가운데 가장 많이 보이는 종으로, 산림 내부와 가장자리, 교외 지역에 이르기까지 다양한 환경에 서식한다. 주로 동굴, 폐광 또는 암반 지역 바위틈에서 홀로 겨울잠을 잔다(12). 활동기에는 동굴이나 폐광 외에도 수피 틈이나 동공, 목조 건물, 다리 등 다양한 곳을 은신처로 삼는다(13). 밤에 주로 산림 내부와 가장자리, 특히 활엽수림에서 곤충을 사냥한다. 대개 6월 중순에서 7월 초에 새끼를 보통 1~2마리, 최대 3마리까지 낳는다(14). 젖을 먹이는 시기에 암컷은 낮 동안 은신처에서 새끼와 함께 머물다 해가 지고 나면 새끼를 매달고 밖으로 나온다(출현). 이때 새끼는 다리 같은 임시 휴식 장소에 숨겨 둔 다음 사냥에 나선다. 그리고 해가 뜨기 전에 새끼를 데리고 다시 낮 동안 숨어 지낼 은신처로 돌아온다(귀소). 여러 종류 작은 곤충을 먹지만 파리목을 주로 먹는다. 우리나라에서는 밴딩 연구로 10년 이상 사는 것을 확인했지만, 정확한 수명은 알려지지 않았다.

12 동굴에서 겨울잠

13 주간 은신처 유형(다리 아래, 수피 틈)

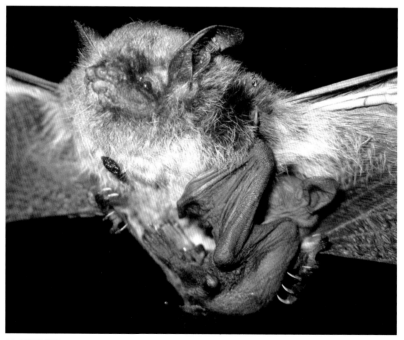

14 어미와 새끼

초음파

FM형 초음파를 발산하며[15] 25~100kHz 주파수대를 이용하고, 최대 강도 주파수는 약 48kHz(45~50kHz)에서 확인된다. 큰수염박쥐속 종은 모두 이런 초음파를 발산하지만, 환경과 먹이 포획 과정에 따라서 주파수 대역 폭과 피크에서 차이를 보인다.

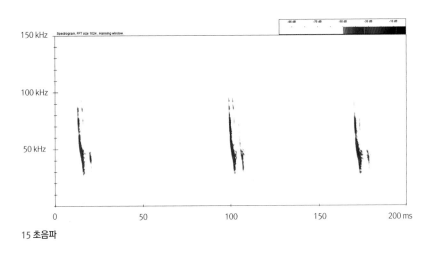

15 초음파

현황 및 분포

중앙시베리아에서 한반도, 서남아시아, 지중해 남동부에 걸쳐 서식한다. 최근까지 동쪽 분포 한계선은 러시아 트랜스바이칼(자바이칼) 지역과 몽골 스텝 지대로 추정되어 왔으나, 2003년 우리나라 산림에서 채집되어 분포가 우리나라까지 넓어진 것이 확인되었다.

참고

대륙쇠큰수염박쥐는 〈Mammal Species of the World 3th〉에서 *Myotis mystacinus* 의 이명으로 기재되었다. 우리나라에서도 지금까지 *M. mystacinus*로 알려져 왔으며, 그 외에도 *M. gracilis, M. brandtii*로 기록되기도 했다. 그러나 2000년대 들어 형태 차이를 근거로 *M. aurascens*는 *M. mystacinus*와 다르다는 것이 확인되었다. 2003년 국내에서 표본을 확보한 뒤 유사종인 *M. mystacinus, M. brandtii, M. ikonnikovi, M. muricola*와의 계통 관계를 조사한 결과, 우리나라에 사는 종은 *M. aurascens*라는 것이 새롭게 밝혀졌다. IUCN 적색목록에서는 관심대상(LC)으로 분류한다.

쇠큰수염박쥐

Ikonnikovi's Whiskered Bat, Ikonnikovi's Myotis
Myotis ikonnikovi Ognev, 1912

크기

HB: 39.5(36.0~43.2), FA: 31.6(29.3~32.8), E: 11.3(9.6~12.8), Tra: 6.4(5.8~7.3), WS: 211(190~235), Ⅲ/Ⅴ: 1.27(1.22~1.30), Tib: 14.7(13.5~15.8), Hfcu: 5.8(5.2~6.5), T: 32.3(27.5~35.6), GLS: 13.2(12.9~13.5), CBL: 12.7(12.3~12.9), ZYW: 7.8(7.7~8.1), B.BC: 6.3(6.1~6.4), D.BC: 5.8(5.6~6.0), IOC: 3.4(3.3~3.5), C-M3: 4.8(4.6~5.0), C-C: 3.5(3.3~3.7), M3-M3: 5.4(5.3~5.7)

형태

큰수염박쥐속 가운데 가장 작다. 대륙쇠큰수염박쥐와 비슷하게 생겼지만 두동장, 전완장, 뒷발 길이가 더 짧다. 두동장과 무게 평균은 각각 40mm, 4.7g으로 몸집이 작으며, 특히 전완장과 뒷발 평균 길이가 각각 31.6mm, 5.8mm로 매우 짧다. 털은 어두운 갈색이며, 개체별로 차이는 있지만 등 가운데가 금속 광택이 돌거나 옅은 황갈색인 개체가 많다(1). 배 쪽 털은 등에 비해서 밝은 황갈색이다. 이주와 귀는 검은색에 가깝고 이주는 끝이 뾰족하다. 이주 길이는 귀 길이의 57%가량이며, 기부에서 시작해 2/3 지점에서 앞쪽으로 약간 꺾였다(2). 익장은 평균 210mm로 큰수염박쥐속 가운데 가장 짧으며, 익형률은 1.27로 같은 속 종들과 비슷하지만 약간 더 협장형이다(3). 또한 비막은 어두운 갈색이며, 바깥쪽 발가락 기부에 붙었다(4). 꼬리 길이도 짧은 편이며, 꼬리뼈는 꼬리막 밖으로 거

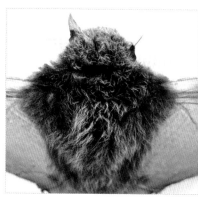

1 털

2 귀와 이주

의 삐져나오지 않았다(평균 1.0mm)(5). 꼬리막 혈관은 명확히 두 번 꺾여서(dog-leg type) 혈관이 거의 직선인 대륙쇠큰수염박쥐와 구별된다(6). 수컷 음경은 평균 3.1mm로 밝은 분홍빛이며 전체가 부드러운 털로 덮였다(7).

치식은 I 2/3 + C 1/1 + P 3/3 + M 3/3 = 38이다. 두골을 옆에서 보면 전두골에서 급하게 상승하기 시작해서 후두부에서 가장 높아진다. 협골궁 가장자리 아치 곡선은 좁은 편으로 거의 직선이다(8). 위턱 앞쪽 앞니(I2)는 후교두가 뚜렷하다(9). 송곳니와 앞어금니는 큰 편이고 어금니는 작은 편이다. 위턱 중간 앞어금니(P3)는 치열에서 조금 안쪽에 있어 옆에서 보면 뒤쪽 앞어금니(P4)에 절반가량 가려진다(10). 아래턱 앞니들은 끝이 삼지창 모양으로 약간 겹친다(11). 아래턱 중간 앞어금니(p3)는 약간 안쪽에 있어 옆에서 보면 뒤쪽 앞어금니(p4)에 1/3가량 가려진다(12).

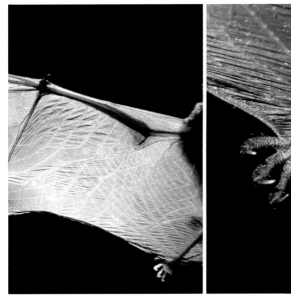

3 비막

4 비막 부착 위치

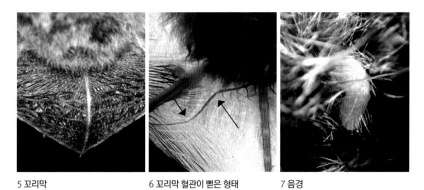

5 꼬리막

6 꼬리막 혈관이 뻗은 형태

7 음경

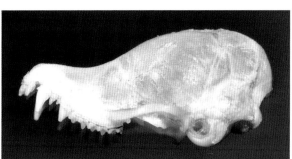

8 두개골

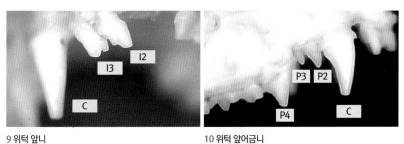

9 위턱 앞니

10 위턱 앞어금니

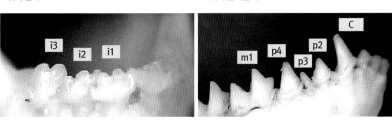

11 아래턱 앞니

12 아래턱 앞어금니

생태

대표적인 산림성 박쥐(forest dwelling bat)로 오래된 산림, 특히 활엽수림 또는 혼효림이 잘 발달한 지역에 서식한다. 주로 굴참나무, 일본잎갈나무, 노각나무, 당단풍나무, 물푸레나무 동공이나 수피 틈 같은 곳을 은신처로 삼는다(13). 같은 은신처를 오랫동안 이용하기도 하지만 여러 곳을 옮겨 다니기도 한다. 은신처로 삼는 나무의 흉고직경은 최소 7cm에서 최대 1m 이상에 이르기까지 다양하며, 은신처 높이는 평균 10m 내외다. 낮에는 은신처로 수피 틈을 가장 많이 이용하며 줄기 갈라진 틈 아래 또는 덩굴식물 줄기 사이에서 보이기도 한다. 6월부터 암컷 포육 집단을 이루어 6월 말에서 7월 초에 새끼를 1마리 낳는다. 겨울잠을 비롯한 다른 생태는 잘 알려지지 않았다.

13 은신처로 삼는 수피 틈

초음파

초음파 형태는 FM형으로 40~120kHz 주파수대 초음파를 발산하며(14), 초음파 최대 강도는 약 50kHz에서 확인된다.

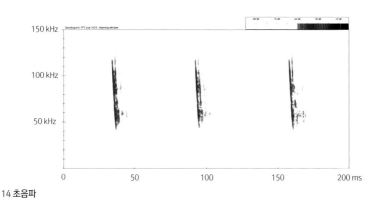

14 초음파

현황 및 분포

카자흐스탄, 몽골, 러시아(시베리아 동부, 사할린), 동북아시아에 넓게 분포하며 우리나라에서는 제주도를 포함한 전국에 서식한다. 국내 채집 기록은 매우 적으며, 생태 연구가 거의 이루어지지 않았다. 일본에서는 오래된 산림이 줄어들며 개체 수가 함께 줄어드는 것으로 알려졌다.

참고

우리나라에 사는 박쥐 가운데 작은관코박쥐와 함께 가장 작다. 예전에는 *Myotis yesoensis*, *M. hosonoi*, *M. ozensis*, *M. fujiensis* 등으로 기록하기도 했으나, 현재는 이들을 *M. ikonnikovi*의 동종이명으로 취급한다. IUCN 적색목록에서는 관심대상(LC)으로 분류한다.

큰수염박쥐

Ussuri Whiskered Bat, Whiskered Bat
Myotis sibiricus Kastschenko, 1905

크기

HB: 46.1(38.0~51.0), FA: 35.0(33.0~37.0), E: 14.0(12.0~15.5), Tra: 6.9(5.0~8.6), Tib: 15.0(13.7~16.0), Hfcu: 8.8(8.0~9.9), T: 35.8(32.0~39.0), CBL: 13.1(12.7~13.8), ZYW: 8.4(8.0~8.7), B.BC: 6.8(6.6~7.0), D.BC: 4.8(4.5~5.1), IOC: 3.7(3.4~3.9), C~M3: 5.0(4.8~5.1), M3~M3: 5.3(5.0~5.6) | Yoshiyuki, 1985

형태

등 쪽 털은 회갈색 또는 짙은 갈색이며, 금속 광택을 띠기도 한다(1). 배 쪽 털은 등보다 약간 어둡다. 이주는 직선이거나 끝부분이 약간 바깥쪽으로 휘었으며, 귀 길이의 절반 이하이다(2). 비막은 바깥쪽 발가락 기부에 붙었다(3). 쇠큰수염박쥐와 생김새가 매우 비슷하나 꼬리막 혈관 뻗은 형태가 거의 직선이어서 구별된다.

치식은 I 2/3 + C 1/1 + P 3/3 + M 3/3 = 38이다. 두골 높이는 낮은 편으로 두골 너비의 73%가량이며, 뇌함 너비에 비해서 두골 길이가 길고 람다릉이 매우 발달했다(4). 위턱 뒤쪽 앞니(I3)는 앞쪽 앞니(I2)보다 조금 짧지만 치관부 면적은 2배가량 넓다(5). 앞쪽 앞어금니(P2)와 중간 앞어금니(P3)는 매우 작으며, 기부가 송곳니와 같은 높이에 있어 옆에서 보면 뒤쪽 앞어금니(P4)보다 훨씬 위쪽에 있

1 털

2 귀와 이주

는 것으로 보인다(6). 아래턱 앞니는 3엽으로 이루어졌으며, 바깥쪽 앞니(i3)는 앞쪽 앞니(i1)와 중간 앞니(i2)보다 크고 치열 한가운데 있어 송곳니와 붙었다(7). 아래턱 앞쪽 앞어금니(p2)와 중간 앞어금니(p3)는 송곳니 길이의 절반 또는 그 이하이며, 뒤쪽 앞어금니(p4) 길이는 송곳니와 비슷하다(8).

3 비막 부착 위치

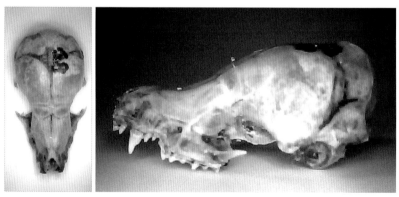

4 두개골

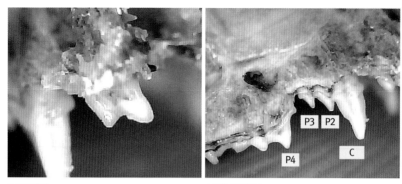

5 위턱 앞니　　　　　　　　　　　　　　6 위턱 앞어금니

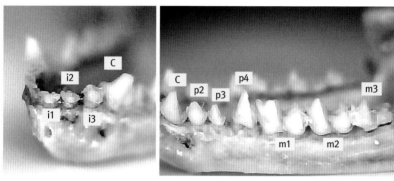

7 아래턱 앞니　　　　　　　　　　　　　8 아래턱 앞어금니

생태

주로 수계와 인접한 활엽수림과 혼효림에 서식하며, 작은 육상 곤충을 잡아먹는
다. 일본에서는 목조 마구간 벽 틈과 다리 아래에 서식하는 것이 확인되었다. 여
름철에는 빌딩, 나무 구멍, 인공 새집이나 박쥐집 등에서 발견되며, 나무 구멍에
서 보일 때가 가장 많다. 6월 말에서 7월 초에 새끼를 낳는다. 동굴이나 폐광에
서 겨울잠을 잔다고 하나 더 자세한 정보는 밝혀지지 않았다.

초음파

초음파 정보는 알려진 바가 없다.

현황 및 분포

유럽에서부터 시베리아 일대, 우리나라와 일본 홋카이도에 사는 것으로 알려졌다. 우리나라에서 과거 기록은 있으나 구체적으로 확인할 수 있는 정보나 표본은 없다.

참고

국내에서는 기록만 있고 채집 자료는 없으며 북한에서는 웃수염박쥐라고 한다. 예전에는 유럽, 시베리아 서부에 서식하는 것은 *Myotis b. brandtii*로, 시베리아 동부, 몽골, 한국, 일본 등에 서식하는 것은 *M. b. gracilis*로 나누었으나 후속 연구에서 *M. gracilis*를 *M. brandtii*의 아종이 아닌 우리나라를 포함한 동아시아에 서식하는 별개 종으로 분류했다. 아울러 최근 DNA 바코드 연구에서도 동아시아에 서식하는 개체군은 유럽 개체군인 *M. brandtii*와 독립된 종이며, *M. gracilis*는 *M. sibiricus*와 같은 종으로 확인되었다. 현재 IUCN 적색목록에서는 기존 *M. brandtii*를 관심대상(LC)으로 분류한다. 이 종은 우리나라에 사는 대륙쇠큰수염박쥐와 생김새가 매우 비슷해 구별이 어려우며, 비교할 수 있는 표본도 없어 국내 서식 및 분류학적 위치에 관한 추가 연구가 필요하다.

붉은박쥐

Red and Black Myotis
Myotis rufoniger **Tomes, 1858**

크기

HB: 54.3(50.2~60.4), FA: 49.3(44.2~53.2), E: 17.0(16.0~19.0), Tra: 8.6(6.5~10.0), WS: 305(285~315),
Ⅲ/Ⅴ: 1.18(1.15~1.25), Tib: 24.7(22.1~27.3), Hfcu: 11.3(9.6~14.0), T: 52.5(45.0~56.2), GLS:
18.3(17.9~19.1), CBL: 17.4(16.4~18.3), ZYW: 11.4(11.0~12.2), B.BC: 8.1(7.8~8.4), D.BC: 7.7(7.5~8.1),
IOC: 4.1(3.9~4.4), C-M3: 7.6(7.3~8.1), C-C: 5.0(4.6~5.5), M3-M3: 7.5(7.2~8.2)

형태

황금박쥐, 오렌지윗수염박쥐라고도 한다. 박쥐는 대부분 색이 어둡지만 붉은박
쥐는 몸 전체가 선명한 오렌지색이다. 특히 등 쪽 털과 비막 일부분이 진한 오렌
지색을 띠며, 귀 가장자리, 코끝, 뒷발, 제1지, 비막 지골 주변은 검은색이다[1].
귓바퀴 안쪽으로 과립형 돌기가 산재한다. 이주는 귀 길이의 약 51%이며, 이주
기부는 귀 바깥쪽에 가깝다[2]. 익형률은 약 1.18로 큰수염박쥐속 가운데 가장
광단형이다. 비막은 바깥쪽 발가락 기부에 붙었다[3]. 하퇴골 길이는 약 25mm
로 우리나라에 사는 박쥐 가운데 두동장 대비 약 45%로 가장 길며, 뒷발은 하퇴
골의 46%가량이다. 꼬리는 긴 편으로 두동장의 약 97%다[4]. 수컷 음경은 평균
4.5mm로 몸 크기에 비해서 작은 편이다[5].

1 색깔

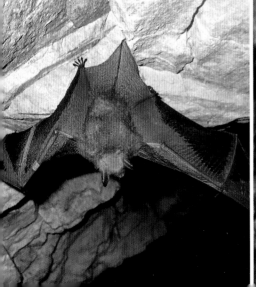

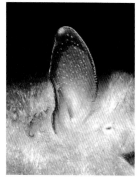

2 귀와 이주

치식은 I 2/3 + C 1/1 + P 3/3 + M 3/3 = 38이다. 람다릉과 시상릉이 잘 발달했으며, 뇌함 높이는 뇌함 너비의 95%가량이다. 두골은 주둥이 부분에서 전두골까지 평평하며, 전두골에서 두골 정중부까지 매우 완만하게 상승한다(6). 위턱 앞쪽 앞니(I2) 길이는 뒤쪽 앞니(I3)와 비슷하거나 조금 길며 교두가 뚜렷하다(7). 송곳니는 크고 길이는

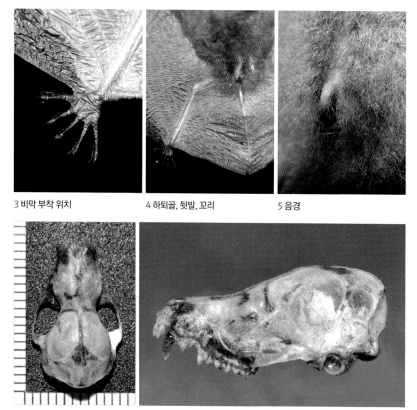

3 비막 부착 위치   4 하퇴골, 뒷발, 꼬리   5 음경

6 두개골

뒤쪽 앞어금니(P4)의 2배가량이다(8). 아래턱 앞니들은 3엽으로 서로 겹친다(9). 아래턱 중간 앞어금니(p3)는 앞쪽 앞어금니(p2)와 같거나 조금 짧으며, 뒤쪽 앞어금니(p4) 길이는 송곳니 길이의 70~80%다(10).

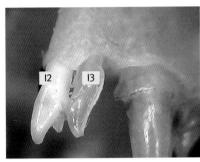

7 위턱 앞니

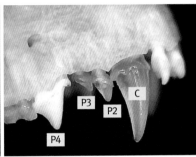

8 위턱 송곳니와 앞어금니

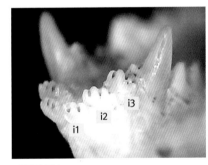

9 아래턱 앞니

10 아래턱 송곳니와 앞어금니

생태

동굴 또는 폐광에서 사람 간섭이 적고 온도와 습도가 높은 곳을 겨울잠 장소로 선택한다. 겨울잠 시기 외에는 드물게 폐광이나 동굴에서 발견되기도 하지만 주로 관목층이 발달한 활엽수림에서 지내며, 낮에는 나뭇잎 아래에 매달려서 쉰다(11). 6월 말에서 7월 초에 새끼를 1~2마리 낳는다. 새끼는 털이 없고 눈을 뜨지 못한 채 태어나며, 2~3주 동안 어미젖을 먹고 자란다. 혼자 또는 여러 마리가 무리를 이루어 천장부나 벽면 거친 틈에 매달린 채로 대개 10월 말부터 이듬해 5월 말, 길게는 6월 중순까지 200일 이상 겨울잠을 잔다(12). 우리나라에 사는 박쥐 가운데 가장 빨리 겨울잠에 들고 가장 늦게 깬다.

© 최상규

11 활동기에는 산림에서 생활한다.

12 혼자 또는 여러 마리가 무리를 지어 겨울잠을 잔다.

초음파

초음파 범위는 40~120kHz 사이로 강도는 매우 약한 편이다. 큰수염박쥐속의
전형인 FM형이며(13), 평균 52kHz에서 최대 강도를 보인다.

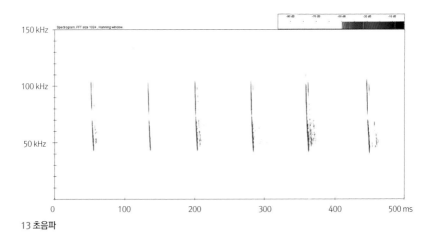

13 초음파

현황 및 분포

황금박쥐로 많이 알려졌으며 멸종위기야생생물 Ⅰ급 및 천연기념물 제452호다. 한국을 포함해 베트남, 라오스, 대만, 중국, 일본 쓰시마 등 동아시아에 걸쳐 서식하며, 우리나라에서는 제주도 및 내륙 지역에 서식한다. 특히 전라도 함평, 무안, 순창과 충청도 단양, 서산, 옥천, 강원도 화천에서는 몇 마리부터 많게는 수백 마리가 집중 서식하며, 그 외에도 부산, 대구, 합천 등 경상도와 경기도 등지에서도 적은 개체가 확인된다. 겨울잠 기간이 매우 길고 온습도 조건이 까다롭기 때문에 특정 지역에서만 확인되는 특징이 있다.

참고

지금까지 우리나라에 사는 붉은박쥐는 *Myotis formosus*로 알려졌지만, 최근 이루어진 계통분류학적 재정립 연구에서 한국을 포함해 베트남, 라오스, 대만, 중국, 일본 쓰시마에 서식하는 붉은박쥐는 *M. rufoniger*로 재분류되었다. *M. rufoniger*와 *M. formosus*는 두개골 생김새가 다르며, *M. rufoniger*는 등 쪽 털이 붉은색 또는 주황색에 가까운 것과 달리 *M. formosus*는 누런색에 가깝다. IUCN 적색목록에서는 기존의 *M. formosus*를 관심대상(LC)으로, 한국 적색목록집에서는 취약(VU)으로 분류한다.

우수리박쥐(물윗수염박쥐)

Ussuri Daubenton's Bat
Myotis petax Hollister, 1912

크기

HB: 46.0(43.0~51.5), FA: 38.0(36.2~41.4), E: 12.8(11.8~13.6), Tra: 6.5(5.8~7.5), WS: 240(210~270), Ⅲ/Ⅴ: 1.25(1.23~1.29), Tib: 17.0(16.2~18.1), Hfcu: 9.2(8.2~11.1), T: 37.7(36.4~39.1), GLS: 15.2(14.8~15.7), CBL: 14.5(14.2~15.0), ZYW: 9.3(9.2~9.3), B.BC: 7.7(7.6~7.9), D.BC: 6.3(5.9~6.8), IOC: 3.8(3.6~4.0), C-M3: 5.5(5.3~5.8), C-C: 4.2(4.1~4.3), M3-M3: 6.0(5.9~6.2)

형태

등 쪽 털은 회갈색 또는 밝은 갈색이며, 배 쪽 털은 등보다 약간 밝은 색으로 대비가 뚜렷하다(1). 큰발윗수염박쥐와 생김새가 매우 비슷하나 뒷발 형태와 비막 부착 위치가 다르다. 비막과 귀, 이주는 옅은 갈색으로 대륙쇠큰수염박쥐, 쇠큰수염박쥐 등과 비교할 때 밝은 편이다. 귓바퀴 안쪽 면은 가로 주름이 있어 귀 길이 중앙 또는 조금 못 미치는 지점에서 바깥으로 꺾였으며, 귀는 앞으로 접었을 때 코끝까지 닿거나 약간 더 긴 편이다. 이주는 너비가 좁고 뾰족하며, 큰수염박쥐속 다른 종들과 비교할 때 귀 길이 대비 길이가 짧은 편이다(2). 익형률은 평균 1.25로 큰수염박쥐속 다른 종들과 별 차이가 없다. 대부분 종이 발가락 기부에 비막이 붙은 것과 달리 중족골 중앙에 붙었다(3). 뒷발은 평균 9.2mm로 길고 하퇴골 절반을 넘으며, 발톱은 긴 편이다(4). 꼬리는 길며, 꼬리뼈 끝은 꼬리

1 털

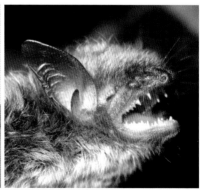

2 귀와 이주

막 밖으로 평균 2.0mm 이상 삐져나온다(5). 수컷 음경은 평균 4.5mm다(6).

치식은 I 2/3 + C 1/1 + P 3/3 + M 3/3 = 38이다. 두골 주둥이 부분은 짧으며 전두골 부분에서 완만하게 상승해 후두부에 이르기까지 거의 평평하다(7). 위턱 앞니는 후교두가 뚜렷하며 뒤쪽 앞니(I3)의 후교두는 기부에서 1/5 지점에 있다(8). 앞어금니는 모두 치열에 있으며 중간 앞어금니(P3) 길이는 앞쪽 앞어금니(P2)의 절반가량이다(9). 아래턱 앞니는 3엽으로 이루어졌으며, 서로 아주 살짝

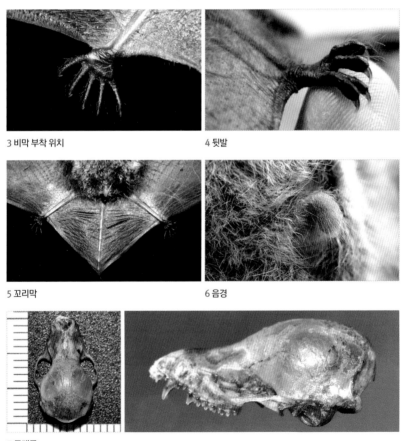

3 비막 부착 위치

4 뒷발

5 꼬리막

6 음경

7 두개골

만 겹친다(10). 아래턱 앞쪽 앞어금니(p2)는 송곳니의 절반가량이며, 뒤쪽 앞어금니(p4) 길이는 송곳니의 70~80%다(11).

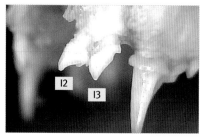

8 위턱 앞니

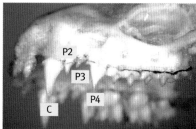

9 위턱 송곳니와 앞어금니

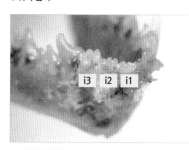

10 아래턱 앞니

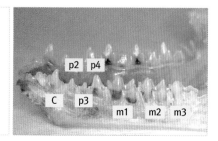

11 아래턱 송곳니와 앞어금니와 어금니

생태

수계와 아주 밀접한 종으로 호수, 강가, 못 등에서 야간에 활동한다. 보통은 수면 2미터 이하 높이로 날지만 곤충을 사냥할 때는 수면 50cm 이하로 낮게 난다(12). 때로 산림이나 관목림 주변에서 곤충을 잡기도 한다. 나비목, 파리목, 노린재목을 주로 사냥하며, 특히 수서성 파리목을 가장 많이 잡아먹는다. 여름철에는 나무 구멍이나 동굴, 폐광, 다리 같은 인공 구조물을 은신처로 삼으며(13), 겨울에는 혼자 또는 수십 마리가 무리를 이루어 겨울잠을 잔다(14). 6월 말에서 7

월 초 사이에 새끼를 1~2마리 낳는다(15). 우리나라에서 이 종의 수명 연구는 없었으나 유럽에 서식하는 *Myotis daubentonii*의 최대 수명은 28년으로 알려졌다.

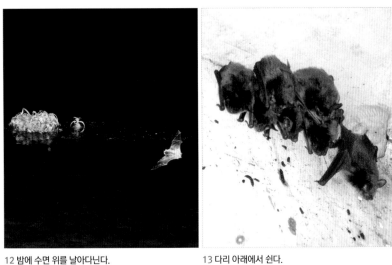

12 밤에 수면 위를 날아다닌다.　　　　13 다리 아래에서 쉰다.

14 동굴에서 겨울잠을 잔다.

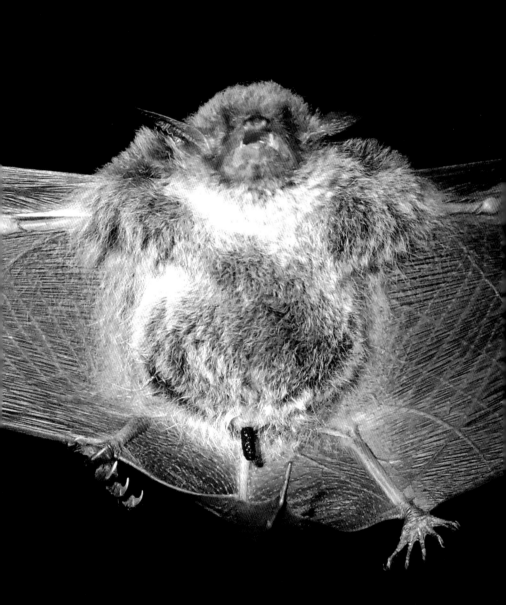

15 출산 직전

초음파

초음파는 30~120kHz 범위로 FM형이며(16), 최대 강도 주파수는 약 45kHz다. 특히 먹이 탐색 단계에서 발산하는 초음파는 펄스의 중앙 부분이 완만한 빗금이어서 스펙트로그램으로 볼 때 늘어진 S자 같다.

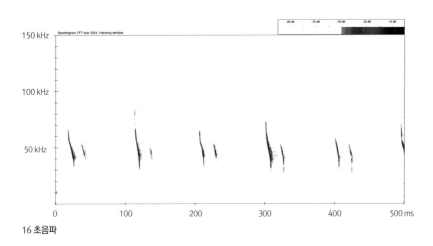

16 초음파

현황 및 분포

트랜스바이칼(자바이칼)을 비롯한 시베리아 남동부, 몽골, 중국 북부, 한국, 사할린, 일본 홋카이도 등에 서식하며, 우리나라에서는 제주도를 포함한 전국에 분포한다.

참고

지금까지 유럽 북서부에 서식하는 종은 *Myotis daubentonii*, 유럽 동부에서 중앙시베리아에 서식하는 종은 *M. d. volgensis*, 시베리아 동부에서 바이칼호, 중국 동북부, 한국, 일본 등에 서식하는 종은 *M. d. ussuriensis*, 중국 남부에서 인도 북동부에 서식하는 종은 *M. d. laniger* 등 다양하게 분류해 왔다. 그러나 두개골과 음경골을 포함한 형태 특징 및 계통분류학적 연구를 통해 현재는 유라시아 서부에 서식하는 종은 *M. daubentonii*로, 우리나라를 포함한 동부에 서식하는 종은 *M. petax*로 분류한다. IUCN 적색목록에서는 기존의 *M. daubentonii*를 관심대상(LC)으로 분류한다.

큰발윗수염박쥐

Large-footed Bat, Big-footed Myotis
Myotis macrodactylus (Temminck, 1840)

크기

HB: 47.6(43.9~52.9), FA: 39.0(36.8~42.0), E: 13.4(11.3~15.9), Tra: 7.1(6.2~8.0), WS: 250(235~262), Ⅲ/Ⅴ: 1.24(1.21~1.27), Tib: 17.3(16.1~18.4), Hfcu: 10.3(7.4~13.0), T: 37.0(33.2~42.0), GLS: 15.0(14.7~15.5), CBL: 14.2(14.0~14.4), ZYW: 9.1(9.0~9.2), B.BC: 7.6(7.5~7.8), D.BC: 6.6(6.1~7.1), IOC: 3.8(3.7~3.9), C-M3: 5.6(5.4~5.7), C-C: 4.0(4.0~4.1), M3-M3: 5.9(5.8~6.1)

형태

털은 회갈색 또는 흑갈색이며, 털 끝부분이 회백색을 띠는 경우가 많다. 배 쪽 털은 옅은 갈색 또는 회백색이어서 등 쪽과 대비가 뚜렷하다(1). 귀는 좁고 길며 이주는 길고 뾰족하다. 귓바퀴 안쪽 면은 가로 주름이 있어 귀 중앙부에서 바깥으로 꺾였다(2). 비막은 발목 또는 하퇴골 하단부에 붙어 큰수염박쥐속 가운데 가장 위쪽에 있다. 뒷발 길이는 평균 10mm 이상으로 길며 하퇴골 길이의 60% 이상이다. 꼬리 길이는 두동장의 약 78%이며, 꼬리뼈 말단은 꼬리막 밖으로 2mm가량 삐져나왔다(3). 수컷 음경 길이는 평균 5.1mm로 큰수염박쥐속 가운데 큰 편이며, 음경골은 한쪽이 평평하고 다른 한쪽은 움푹 파인 사각형이다(4).

치식은 I 2/3 + C 1/1 + P 3/3 + M 3/3 = 38이다. 뇌함 높이는 뇌함 너비의 80% 이상으로 높은 편이다. 시상릉은 거의 두드러지지 않으며, 람다릉은 잘 발달하지 않았으나 뚜렷하다. 두골에서 주둥이 중앙부는 매우 낮으며, 전두골에서는

1 털

2 귀와 이주

급하게 경사지면서 높아지고, 후두부까지는 평평하다(5). 위턱 앞쪽 앞니(I2)는 앞쪽에 주 교두와 뒤쪽에 2차 교두가 있으며, 뒤쪽 앞니(I3) 길이는 앞쪽 앞니의 2차 교두보다 약간 길다(6). 앞쪽 앞어금니(P2)는 약간 안쪽에 있어 옆에서 보면 1/4가량이 가린다(7). 아래턱 앞어금니는 조금씩 서로 겹치고 앞쪽 끝은 삼지창

3 비막 부착 위치와 뒷발, 꼬리

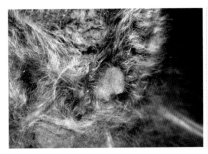

4 음경 및 음경골

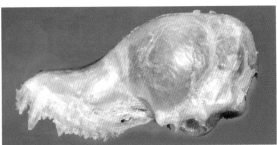

5 두개골

모양이다(8). 아래턱 앞쪽 앞어금니(p2)는 송곳니의 절반가량이고, 중간 앞어금니(p3) 는 앞쪽 앞어금니의 1/2가량이다(9).

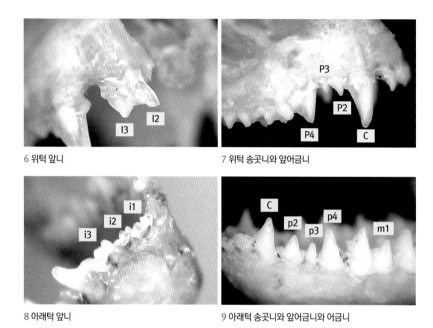

6 위턱 앞니

7 위턱 송곳니와 앞어금니

8 아래턱 앞니

9 아래턱 송곳니와 앞어금니와 어금니

생태

주로 동굴이나 폐광, 터널 등에 서식하며, 몇 마리에서 수백 마리까지 군집을 이룰 때가 많다(10). 겨울잠 시기뿐만 아니라 번식기에도 암수 성체와 어린 개체가 비슷한 단위로 무리 지어 지낸다. 새끼를 낳는 시기 말고 활동기에는 암컷과 수컷이 대개 따로 생활한다. 소수로 지내는 경우는 주로 관박쥐, 우수리박쥐, 긴가락박쥐 무리와 함께 살기도 한다. 우리나라에서는 긴가락박쥐와 함께 무리를 이루는 사례가 가장 많다(11). 파리목, 날도래목, 나비목과 거미류를 주로 먹으며,

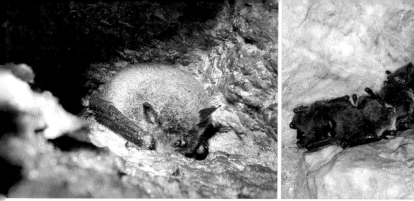

10 동굴에서 겨울잠을 잔다.

11 긴가락박쥐 무리에 섞인 큰발윗수염박쥐

12 임신한 암컷

산림 내부나 개방된 수면 위를 날며 사냥한다. 짝짓기는 가을에 이루어지며, 이듬해 6월 말에서 7월 초에 새끼를 낳는다(12). 대부분 암컷은 태어난 이듬해부터 새끼를 낳는다. 최대 생존 기록은 19년이다.

초음파

전형적인 FM형으로 1개 또는 2~3개 음절로 구성된다(13). 주파수대는 30~120kHz이며, 주파수 최대 강도는 약 48kHz에서 확인된다.

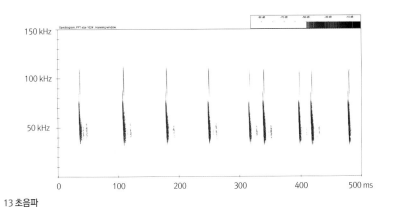

13 초음파

현황 및 분포

유럽, 아프리카, 시베리아 동부, 사할린 남부, 일본, 한국 등 매우 넓은 지역에 걸쳐 서식하며, 우리나라에서는 제주도를 포함한 전국에 서식한다.

참고

관박쥐와 함께 우리나라 동굴과 폐광에서 가장 많이 보이는 종이다. IUCN 적색목록에서는 관심대상(LC)으로 분류한다.

흰배윗수염박쥐(아무르박쥐)

Far Eastern Myotis
Myotis bombinus Thomas, 1906

크기

HB: 45.7(40.8~48.9), FA: 40.0(37.0~43.1), E: 16.4(14.8~18.0), Tra: 10.5(9.2~12.0), WS: 266(240~285), Ⅲ/Ⅴ: 1.22(1.18~1.28), Tib: 17.3(16.0~19.0), Hfcu: 8.3(6.5~10.9), T: 43.0(39.0~45.0), GLS: 15.7(15.3~16.3), CBL: 14.6(14.3~15.2), ZYW: 9.5(9.2~9.8), B.BC: 7.7(7.5~7.9), D.BC: 6.6(6.2~7.1), IOC: 3.8(3.3~4.0), C-M3: 5.9(5.7~6.2), C-C: 3.9(3.7~4.1), M3-M3: 6.2(5.8~6.7)

형태

등 쪽 털은 회갈색 또는 어두운 갈색이고 배 쪽 털은 옅은 회백색이다(1). 귀와 이주는 매우 밝은 갈색으로 큰수염박쥐속 가운데 가장 길다. 특히 이주는 평균 10mm 이상으로 매우 길며, 귀 길이의 65% 이상이다(2). 전완장은 평균 40mm 로 큰수염박쥐속 가운데 붉은박쥐 다음으로 길다. 익형률은 1.22로 큰수염박쥐속 다른 종들과 비슷하다. 비막은 반투명하고 연한 갈색이며, 바깥쪽 발가락 기부에 붙었다(3). 뒷발은 평균 8.3mm으로 하퇴골 길이의 48%가량이다. 꼬리는 매우 길어서 두동장의 94%이며, 꼬리뼈 끝은 꼬리막 밖으로 거의 삐져나오지 않는다(4). 꼬리막에는 꼬리뼈를 중심으로 좌우 대칭인 유선형 주름이 있으며, 그 중간으로 털이 줄지어 나 있다. 특히 꼬리막 옆면 가장자리로 털이 촘촘해 큰수염박쥐속 다른 종들과 구별된다(5). 수컷 음경 길이는 평균 4.2mm다(6).

1 털

2 귀와 이주

치식은 I 2/3 + C 1/1 + P 3/3 + M 3/3 = 38이다. 뇌함 너비는 높이에 비해서 넓은 편이다. 두골에서 주둥이 부분은 길며 그 후반부는 약간 함몰되었다. 전두골에서 급하게 상승해 두정부에 이르며, 후두부로 이어지면서 약간 하강한다(7).

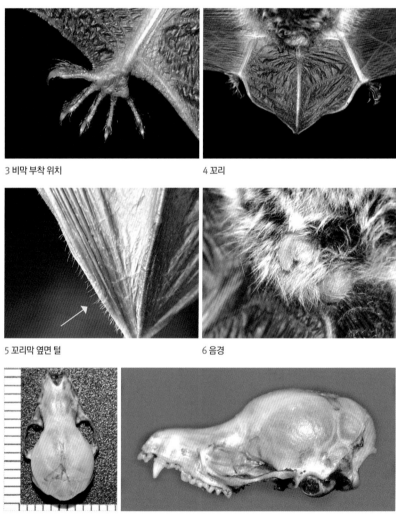

3 비막 부착 위치

4 꼬리

5 꼬리막 옆면 털

6 음경

7 두개골

위턱 앞쪽 앞니(I2)는 교두가 뚜렷하며, 뒤쪽 앞니(I3)는 앞쪽 앞니 2차 교두 위
치보다 길다(8). 중간 앞어금니(P3)는 약간 안쪽에 있으며 길이는 앞쪽 앞어금니
(P2) 절반가량이다(9). 아래턱 앞니 앞쪽 끝은 서로 1/3가량 겹친다(10). 아래턱
앞쪽 앞어금니(p2)는 중간 앞어금니(p3)보다 조금 길며, 뒤쪽 앞어금니(p4)는 송
곳니와 길이가 비슷하다(11).

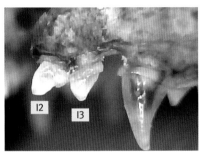

8 위턱 앞니

9 위턱 송곳니와 앞어금니

10 아래턱 앞니

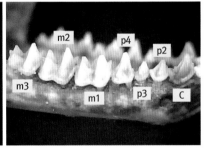

11 아래턱 송곳니와 앞어금니와 어금니

생태

주로 동굴, 폐광, 터널, 나무 구멍, 가옥 등을 은신처로 삼고 산림에서 사냥한다.
낮에는 주로 동굴이나 폐광에서 지내며(12) 행동권이 매우 좁다. 겨울철에는 무

12 여름철에 동굴에서 지낸다.

13 폐광에서 겨울잠을 잔다.

리를 이루어 동굴이나 폐광에서 겨울잠을 잔다. 겨울잠 조건은 까다롭지 않아 동굴 중간부에서 막장까지 다양한 지점에서 잔다(13). 우리나라에 사는 개체는 행동권이 평균 20~30ha다. 우수리박쥐는 고요한 수면 위를 날아다니며 사냥하지만 이 종은 계곡이나 흐르는 강처럼 약하게나마 물살이 있는 곳을 선호한다(14). 나비목, 딱정벌레목, 파리목, 날도래목, 거미류를 주로 먹으며, 이 가운데서 파리목을 가장 많이 먹는다. 여름철에는 임신한 암컷과 일부 수컷이 모여서 수십에서 수백 마리 이상 출산 군집을 이룬다. 6월 말에서 7월 초 사이에 새끼를 1~2마리 낳으며, 암컷 새끼는 태어난 해 가을이면 성적으로 성숙해 이듬해부터 바로 새끼를 낳는다. 수명은 일본에서 최대 15년, 유럽에서는 최대 17.5년으로 알려졌다.

14 야간 채식지

초음파

광대역 FM형으로 주파수대는 20~130kHz다(15). 주파수 최대 강도는 평균 33kHz에서 확인되며, 생김새와 크기가 비슷한 큰수염박쥐속 다른 종에 비해 낮은 편이다.

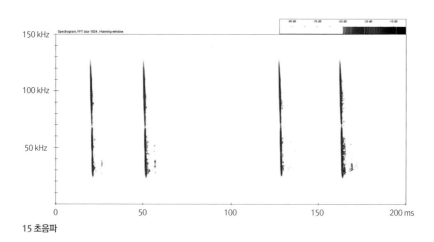

15 초음파

현황 및 분포

시베리아, 러시아 태평양 연안, 중국 동북부(헤이룽장성, 지린성), 일본(홋카이도, 혼슈, 규슈 등)에 서식하며, 우리나라에서는 제주도를 포함한 전국에 서식한다. 주로 제주도와 내륙 해안을 중심으로 서식하는 것으로 알려졌으나 최근에는 경북 북부와 충청도 등 내륙의 동굴이나 폐광에서도 집단으로 서식하는 것이 빈번하게 확인된다.

참고

예전에는 *Myotis nattereri*로 기록했으나 최근 계통분류학적 연구를 통해 유럽과 아시아 집단 사이에 차이가 있는 것으로 밝혀졌다. 따라서 현재는 한국을 포함한 아시아에 서식하는 종은 *M. bombinus*로 분류한다. 우리나라에는 생태 자료가 거의 없으나, IUCN 적색목록에서는 준위협(NT)으로, 일본에서는 인위적 간섭에 따른 산림 훼손과 겨울잠 장소 감소에 따라 절멸위기종으로 분류한다.

긴꼬리윗수염박쥐

Long-tailed Whiskered Bat
Myotis frater Allen, 1923

크기

HB: 46.9(44.5~49.3), FA: 39.5(39.2~39.7), E: 11.3(10.1~11.6), Tra: 6.8(6.5~7.1), WS: 265(260~270), Ⅲ/Ⅴ: 1.25(1.22~1.28), Tib: 19.3(19.1~19.6), Hfcu: 8.2(7.8~8.7), T: 46.5(46.2~46.8), GLS: 14.1(13.8~14.5), CBL: 13.8(13.5~14.2), ZYW: 9.2(9.1~9.3), B.BC: 7.5(7.4~7.6), D.BC: 6.8(6.7~7.0), IOC: 4.1(4.1~4.2), C-M3: 5.3(5.2~5.5), C-C: 4.3(4.2~4.3), M3-M3: 6.2(6.2~6.3)

형태

얼굴 길이가 매우 짧아서 옆에서 보면 바로 구별 가능하다(1). 등 쪽 털은 광택이 없는 황갈색을 띠며 털 기부로 갈수록 색이 짙어진다. 배 쪽 털 기부는 짙은 갈색이지만 끝으로 갈수록 매우 옅은 황색을 띤다(2). 귀는 짧아 앞으로 접었을 때 코끝까지 닿지 않으며, 안쪽 중앙부터 앞쪽 끝까지 가로 주름이 있지만 잘 드러나지 않는다. 귀 앞쪽 끝은 바깥쪽으로 약간 꺾였으며, 기부에서 절반 조금 못 미치는 지점이 가장 넓다. 이주는 앞쪽을 향해 굽었고 귀 길이의 약 60%다(3). 익형률은 1.25로 대륙쇠큰수염박쥐, 우수리박쥐, 큰발윗수염박쥐 등과 비슷하다. 비막은 바깥쪽 발가락 기부에 붙었으며, 하퇴골은 평균 19.3mm로 매우 길어 큰수염박쥐속 다른 종과 구별된다(4). 꼬리도 긴 편으로 두동장의 약 95%이며, 꼬리 끝은 꼬리막 밖으로 약 4.0mm 이상 삐져나왔다(5). 꼬리막 혈관은 꼬리

1 얼굴　　　　　　2 털

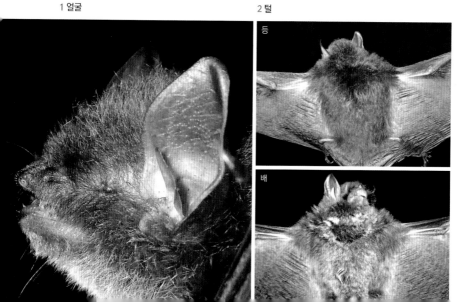

등

배

뼈를 기준으로 수직으로 뻗다가 첫 번째 꺾이는 곳이 뚜렷이 완만하게 솟았다(6). 치식은 I 2/3 + C 1/1 + P 3/3 + M 3/3 = 38이다. 두골에서 주둥이 부분은 매우 짧고 주둥이 후반부에서 두정골까지 급히 경사진 뒤 후두부까지는 직선이다(7). 위턱 뒤쪽 앞니(I3) 길이는 앞쪽 앞니(I2)의 80% 이상이다(8). 위턱 앞쪽 앞어금니(P2)는 송곳니 뒤쪽 가장자리 안쪽에 있어 옆에서 보면 30~40%가 가린다(9). 위턱 중간 앞어금니(P3) 길이는 앞쪽 앞어금니의 절반 이하이며, 치열에서 완전하게 안쪽에 있어 앞쪽 앞어금니와 뒤쪽 앞어금니(P4)에 가려 옆에서 보면 뚜렷

3 귀와 이주

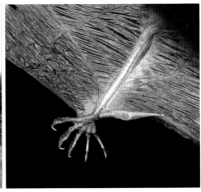

4 비막 부착 위치 및 하퇴골 길이

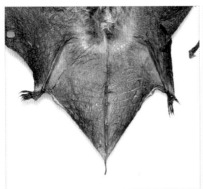

5 꼬리 및 꼬리뼈

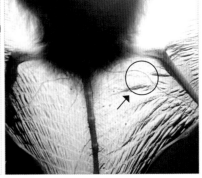

6 꼬리막 혈관이 뻗은 형태

하게 보이지 않는다(10). 아래턱 앞니 길이는 거의 같으며 서로 30%가량 겹친다
(11). 아래턱 중간 앞어금니(p3)는 치열에서 약간 안쪽에 있어 앞쪽 앞어금니(p2)
와 뒤쪽 앞어금니(p4) 때문에 가장자리 부분이 가리며, 앞쪽 앞어금니 높이의 약
80%다(12).

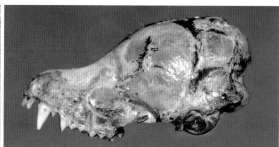

7 두개골

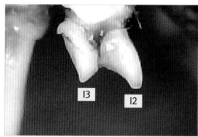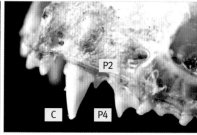

8 위턱 앞니

9 위턱 송곳니와 앞어금니

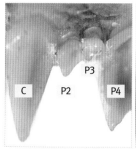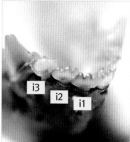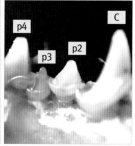

10 위턱 송곳니와 앞어금니

11 아래턱 앞니

12 아래턱 송곳니와 앞어금니

생태

산림에서 날아다니며 곤충을 사냥하고, 나무 구멍, 수피 틈, 동굴, 터널, 다리, 빌딩 등에 산다(13). 주로 한 장소를 계속해서 이용하는 것으로 알려졌다. 번식기에는 암컷 100마리 이상이 출산 군집을 이루며, 6월 중순에서 7월 중순 사이에 새끼를 1마리 낳는다. 일본에서는 11년간 생존한 사례가 있다. 우리나라에서는 강원도와 충청도 울창한 산림에서 날던 개체가 포획되었으며, 밤에 다리에서 쉬는 것을 확인했다. 그러나 현재 국내 공식 채집 기록은 3회로 매우 드물고 동아시아에서도 희귀한 종이어서 생태 자료가 거의 없다.

13 야간 서식지 유형

초음파

초음파는 30~120kHz 범위로 전형적인 FM형이며(14), 최대 강도는 약 47kHz에서 확인된다. 큰수염박쥐속 가운데 초음파 범위가 넓고 최대 강도가 높은 편으로 알려졌으나, 이를 비교할 수 있는 자료가 부족해 추가 분석이 필요하다.

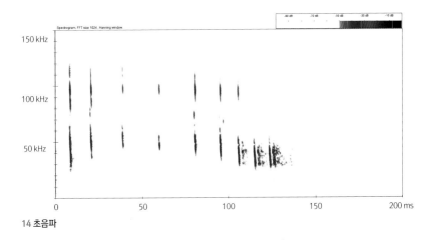

14 초음파

현황 및 분포

시베리아 동부, 우수리 지역, 러시아 중부에서 중국 헤이룽장성 및 남동부 일원, 한국, 일본 등에 서식한다. 서식 범위는 넓지만 국지적으로 분포한다. 우리나라에서는 섬 지역을 제외한 전국에 서식할 것으로 추정한다.

참고

매우 드물게 보이는 종이어서 IUCN 적색목록에서는 정보부족(DD), 일본에서는 절멸위기종, 러시아에서는 희귀종으로 분류한다. 우리나라에서는 1931년 일본인 학자가 한반도 북부에 분포하는 것으로 최초 기록했다. 그 뒤로 1986년 경남 마산 기록이 있으며, 2016년에는 저자가 강원도 인제에서 기록해 모두 3회 채집 기록만 있다. 그러나 이후 저자가 충청도에서도 추가로 확인한 바 있어 후속 연구가 시급한 종이다.

집박쥐

Japanese Pipistrelle
Pipistrellus abramus (Temminck, 1838)

크기

HB: 50.8(41.8~59.0), FA: 35.0(32.5~37.8), E: 10.1(8.4~11.5), Tra: 5.6(4.4~6.2), WS: 245(225~265), Ⅲ/Ⅴ: 1.35(1.25~1.53), Tib: 13.8(12.2~15.3), Hfcu: 7.6(5.6~9.0), T: 36.7(29.8~42.3), GLS: 13.5(13.0~14.2), CBL: 13.0(12.5~13.7), ZYW: 8.8(8.3~9.5), B.BC: 6.9(6.6~7.3), D.BC: 5.9(5.2~6.5), IOC: 3.9(3.6~4.3), C−M3: 4.7(4.4~5.1), C−C: 4.3(3.9~4.7), M3−M3: 5.8(5.3~6.3)

형태

등 쪽 털은 황갈색 또는 짙은 갈색이고 배 쪽 털은 어두운 흰색이다(1). 어린 개체는 짙은 갈색 또는 회갈색이며 성장할수록 점차 털 색이 밝아진다(2). 귀는 넓고 연한 갈색으로 반투명하며, 귀 안쪽에 가로 주름이 3~4개 있다. 이주는 짧고 끝이 둥글며 중앙부가 가장 넓다. 이주 끝은 약간 안쪽으로 굽었다(3). 익형률은 1.35로 큰수염박쥐속 다른 종과 비교할 때 짧고 넓은 편이다. 비막은 바깥쪽 발가락 기부에 붙었다(4). 하퇴골 길이는 평균 13.8mm로 두동장의 약 27%이며, 뒷발은 하퇴골의 55%다. 꼬리 길이는 두동장의 약 72%로 꼬리 끝이 꼬리막 밖으로 거의 삐져나오지 않았으나 개체에 따라서는 0.6mm가량 삐져나오기도 한다(5). 우리나라에 사는 박쥐 가운데 음경이 가장 길어 평균 12.5mm, 하퇴골의 90%다(6).

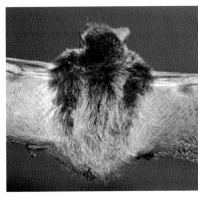

1 털

2 어린 개체

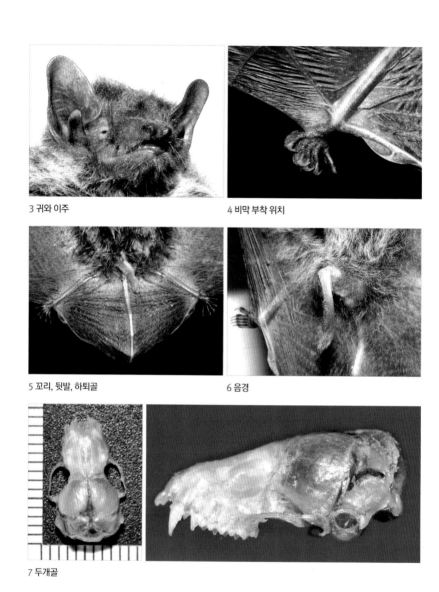

3 귀와 이주

4 비막 부착 위치

5 꼬리, 뒷발, 하퇴골

6 음경

7 두개골

치식은 I 2/3 + C 1/1 + P 2/2 + M 3/3 = 34이다. 뇌함 너비는 높이보다 약간 넓고 람다릉은 잘 발달했으나 시상릉은 거의 두드러지지 않는 편이다. 두개골을 옆에서 보면 주둥이 부분부터 두정골에 이르기까지 매우 완만하게 상승하며 정중부에서 약간 오목하지만 후두부까지는 직선이다(7). 위턱 앞쪽 앞니(I2)에는 교두가 2개 있으며 2차 교두는 뒤쪽 앞니(I3) 길이와 비슷하다(8). 위턱 앞쪽 앞어금니(P2)는 치열 안쪽에 있어 옆에서 볼 때 송곳니와 뒤쪽 앞어금니(P4)에 각각 1/3가량씩 가린다(9). 송곳니는 크며, 후교두는 기부에서 시작해서 중간 또는 그보다 조금 못 미치는 곳에 있다(10). 아래턱 앞니는 3엽으로 서로 1/5가량 겹친다(11). 아래턱 앞쪽 앞어금니(p2) 길이는 뒤쪽 앞어금니(p4)의 절반가량이며, 뒤쪽 앞어금니 길이는 송곳니의 절반을 넘는다(12).

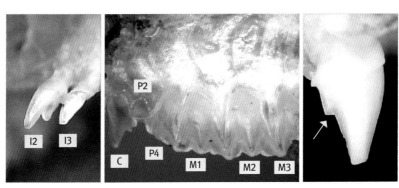

8 위턱 앞니   9 위턱 송곳니와 앞어금니와 어금니   10 위턱 송곳니

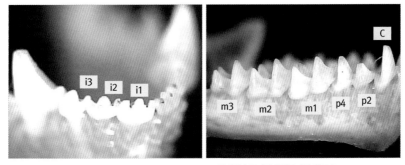

11 아래턱 앞니   12 아래턱 송곳니와 앞어금니와 어금니

13 야간 채식지 유형

14 서식지 유형

생태

해가 진 뒤 가장 먼저 나타나는 박쥐로 강가, 저수지 같은 수계 주변과 산림 가장자리, 과수원, 논밭, 가로등 근처 등 사람들이 사는 곳 주변에서 활동한다(13). 주로 목조 건물이나 다른 건물 벽 틈, 지붕이나 처마 틈, 다리 아래 갈라진 곳 등을 연중 은신처나 휴식 장소로 삼으며(14), 동굴이나 폐광은 이용하지 않는다. 여름철 서식지와 같은 장소나 인근 인공 구조물에서 주로 11월부터 겨울잠에 든다. 그러나 개체나 서식지, 날씨에 따라서 12월 중순 이후에 겨울잠에 들기도 한다. 주로 3월 중순부터 깨어나 활동한다. 번식기 이전 행동권은 은신처 주변 환경, 수계까지 거리에 따라서 다르지만 평균 14ha(암컷 17ha, 수컷 12ha)다. 번식기에 암컷 행동권은 번식 단계에 따라서 달라진다. 보통 임신했을 때는 평균 13ha, 수유기에는 평균 8ha, 수유기가 끝난 뒤에는 평균 125ha로 양육 기간에는 행동권이 좁고 새끼가 성장한 뒤에는 넓어진다. 해가 진 뒤부터 집중적으로 나타나 해가 뜨기 전까지 공중에서 낚아채는 방법으로 곤충을 사냥한다. 주로 하루살이, 모기, 작은 나방을 먹는다. 채식 활동 뒤에는 소화하고자 30분~3시간 동안 주간 은신처나 다리 등에서 쉰다(15).

9월 이후 수컷은 정소가 발달하고(16) 이 무렵부터 암컷과 수컷이 모여 무리를

15 다리 아래에서 쉰다.

이룬다. 암수는 9월부터 10월에 걸쳐 대부분 낮에 4~5시간 동안 짝짓기한다. 암컷은 정자를 몸속에 저장하고서 겨울잠에 들고, 봄에 겨울잠에서 깨어나면 배란과 수정이 이루어진다. 수컷은 출산과 양육에 관여하지 않으므로 출산 시기가 되면 임신한 암컷끼리 모여 무리(출산 군집)를 이룬다. 출산과 양육에 적절한 공간이 한정되어 있기 때문에 출산 시기에 암컷들은 같은 장소로 모이며, 아울러 무리를 이루면 체온을 유지하고 에너지 소비도 최소화할 수 있다. 암컷은 약 70일 동안 임신하고[17] 6월 말에서 7월 초에 새끼를 1~3마리 낳는다[18].

갓 태어난 새끼는 털이 없고 눈을 감고 있으며, 태어난 뒤 10일 이전에 눈을 뜬다[19]. 태어난 뒤 2주가 지나면 어두운 흑갈색 털로 덮이고 한 달 이내에 혼자서 난다[20]. 수컷 음경골은 태어난 뒤 4개월이면 완전히 발달하며, 암컷은 태어난 해부터 성적으로 성숙해 짝짓기가 가능하다. 수명은 크기가 비슷한 다른 박쥐들에 비해 매우 짧은 편으로 지금까지 기록된 최대 수명은 암컷 5년, 수컷 3년이다. 특히 초기 폐사율이 높아 수컷 대부분은 태어난 뒤 10개월 이내에, 암컷은 1~3년 사이에 죽는 경우가 많다[21].

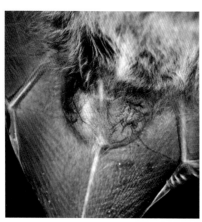

16 정소가 발달한 수컷

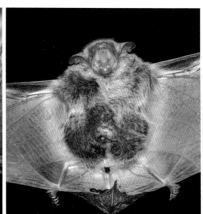

17 임신한 암컷

18 출산

19 갓 태어난 새끼

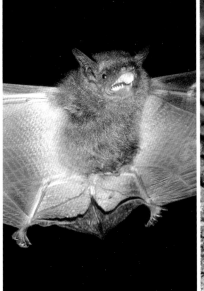

20 태어난 지 1개월 된 새끼

21 초기 폐사한 새끼

초음파

초음파는 FM-CF형으로 시간에 따라서 주파수가 급격하게 변하다가 끝에 이르러서는 일정하게 유지된다(22). 초음파 범위는 40~60kHz이며, 주파수 최대 강도는 약 45kHz에서 확인된다.

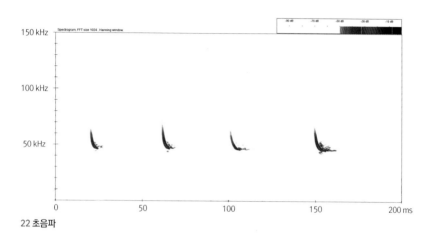

22 초음파

현황 및 분포

인도, 태국, 미얀마, 베트남, 우수리 남부(러시아), 중국, 한국, 일본에 걸쳐 분포하며, 우리나라에서는 제주도를 포함한 전국에 서식한다. 예전에는 흔하게 볼 수 있었지만 요즘은 철근 콘크리트 위주 주택 조성과 낡은 가옥 지붕 개량사업 등으로 서식지와 개체 수가 점차 감소하고 있다.

참고

우리나라 민가 주변에 서식하는 가장 대표 종이다. 이전에는 *Pipistrellus javanicus* 아종으로 여겼으나 핵형 분석과 두개골 특징에 따라 *P. abramus*와 *P. javanicus* 는 완전히 다른 종이며, 우리나라를 비롯해 일본, 대만 등에 서식하는 개체는 *P. abramus*라는 것이 확인되었다. 지금까지 알려진 최대 생존 기록은 암컷 5년, 수 컷 3년이었으나, 저자가 국내에서 밴딩 연구를 장기간 수행한 결과 교란되지 않 은 서식지에서는 10년 이상 생존하는 것을 확인했다. IUCN 적색목록에서는 관 심대상(LC)으로 분류한다.

검은집박쥐

Alashanian Pipistelle
Hypsugo alaschanicus (Bobrinskii, 1926)

크기

HB: 52.0(47.0~58.0), FA: 37.0(33.0~40.0), E: 12.0(9.0~13.0), Tra: 5.7(4.9~6.4), WS: 250(230~270), Ⅲ/Ⅴ: 1.37(1.25~1.42), Tib: 15.0(13.5~16.5), Hfcu: 8.0(6.4~11.0), T: 40.0(37.0~45.0), GLS: 14.7(14.0~15.3), CBL: 14.3(13.6~15.0), ZYW: 9.4(8.9~9.7), B.BC: 7.2(6.8~7.5), D.BC: 6.5(5.9~6.7), IOC: 4.0(3.8~4.2), C-M3: 4.9(4.7~5.2), C-C: 4.4(4.1~4.7), M3-M3: 6.2(5.7~6.5)

형태

생김새와 크기가 집박쥐와 매우 비슷하지만 털 색깔이 어둡고 두동장, 전완장, 하퇴골 등이 더 길다. 등 쪽 털은 검은색 또는 짙은 갈색이며 기부는 매우 짙은 검은색이고 끝으로 갈수록 옅어진다(1). 개체에 따라서는 등 가운데 털 끝이 황갈색 또는 금속 광택을 띠기도 한다. 귀는 검은색으로 끝이 둥글며 안쪽에 가로 주름이 있다. 이주는 짧아서 귀 길이의 48%가량이고, 끝이 둥글며 약간 안쪽으로 굽었다(2). 콧구멍은 크고 튀어나왔으며 튜브 모양이고, 코끝은 윗입술보다 앞쪽에 있다(3). 익형률은 1.37로 큰수염박쥐속 종에 비해 짧고 넓은 편이다. 비막은 바깥쪽 발가락 기부에 붙었으며(4), 꼬리 끝은 꼬리막 밖으로 평균 4.0mm가량 두드러지게 삐져나왔다(5). 수컷 음경은 평균 6.1mm로, 집박쥐와 비교할 때 크기 차이가 뚜렷하며(6), 음경골은 끝이 반달인 화살 모양이다(7).

1 털

2 귀와 이주

3 얼굴

4 비막 부착 위치

5 꼬리

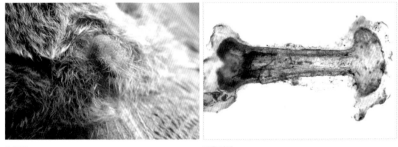

6 음경

7 음경골

치식은 I 2/3 + C 1/1 + P 2/2 + M 3/3 = 34이다. 뇌함은 너비가 넓고 뇌함 높이는 뇌함 너비의 90%가량이다. 람다릉은 잘 발달했으나 시상릉은 거의 두드러지지 않는다. 옆에서 보면 주둥이부터 두정골까지 매우 완만하게 상승하며, 두정골 후단으로는 평평하거나 아주 완만하게 하강한다(8). 위턱 앞쪽 앞니(I2)에는 교두가 2개 있으며, 뒤쪽 앞니(I3) 높이는 앞쪽 앞니 2차 교두와 비슷하거나 조

8 두개골

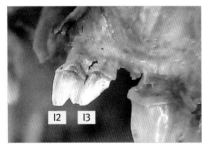

9 위턱 앞니

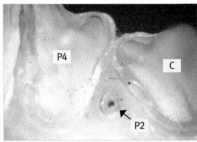

10 위턱 송곳니와 앞어금니

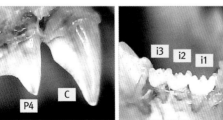

11 위턱 송곳니와 뒤쪽 앞어금니

12 아래턱 앞니

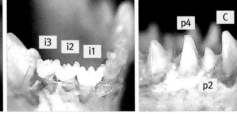

13 아래턱 송곳니와 앞어금니

금 높다(9). 앞쪽 앞어금니(P2)는 크기가 매우 작고 치열 안쪽에 있어 옆면에서는 보이지 않는다(10). 뒤쪽 앞어금니(P4)는 송곳니와 접해 있고 길이는 송곳니의 2/3가량이다(11). 아래턱 앞니는 3엽으로 이루어졌으며 서로 겹친다(12). 아래턱 송곳니 길이는 뒤쪽 앞어금니(p4) 길이와 같거나 조금 길며 앞쪽 앞어금니(p2)는 뒤쪽 앞어금니 길이의 절반가량이다(13).

생태

집박쥐와 생태가 비슷하지만 주로 동굴이나 폐광에 서식하며, 종종 오래된 폐가나 다리 같은 인공 구조물을 이용하기도 한다(14). 밤에는 산림 내부와 가장자리, 강이나 하천, 수계와 인접한 산림, 과수원이나 논 같은 경작지에서 활동한다. 단독 또는 수십 마리가 동굴이나 폐광 천장부 오목한 공간 또는 바위틈이나 구멍 등에 모여서 겨울잠을 잔다(15). 해안 절벽이나 암반으로 이루어진 산림 지대에서는 바위 절벽 틈에서 겨울잠을 자기도 한다(16). 6월 말에서 7월 초 사이에 주로 새끼를 2마리 낳는다(17).

14 다리 아래에서 쉰다.

15 겨울잠

16 해안가 바위 절벽 틈에서 겨울잠을 잔다.

17 수유

초음파

초음파는 집박쥐와 같은 FM-CF형으로(18), 주파수 대역폭은 30~70kHz이며,
최대 강도는 45kHz에서 확인된다.

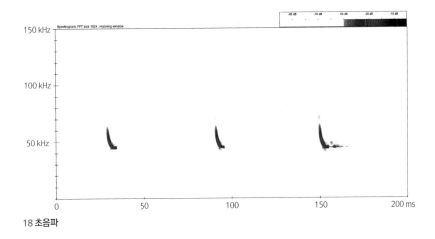

150 kHz

100 kHz

50 kHz

0   50   100   150   200 ms

18 초음파

현황 및 분포

러시아 동부, 중국, 몽골, 한국, 일본에 분포하며, 우리나라에서는 전국 내륙에 서식한다. 문헌으로는 제주도 기록이 있으나 채집된 자료나 표본이 없어 추가 조사가 필요하다. 전국에 폭넓게 분포하나 겨울잠 장소를 제외한 주요 서식지나 생태에 관해서는 알려지지 않았다.

참고

지금까지는 큰집박쥐, 대구양박쥐 등으로 분류했으며 *Pipistrellus savii*와 *P. coreensis*로 기록했다. 그러나 우리나라에서 채집되어 *P. coreensis*로 기록했던 개체는 *P. savii*와는 다른 종이며, *Hypsugo alaschanicus*와 모든 형질이 일치해 현재 우리나라에 서식하는 종은 검은집박쥐(*H. alaschanicus*)로 새롭게 분류되었다. 예전 큰집박쥐와 대구양박쥐는 검은집박쥐와 같은 종으로 본다. IUCN 적색목록에서는 기존 *P. savii*를 관심대상(LC)으로 분류한다.

문둥이박쥐

Serotine Bat
Eptesicus serotinus (Schreber, 1774)

크기

HB: 78.0(75.0~82.0), FA: 53.0(48.0~58.1), E: 15.6(13.5~17.2), Tra: 7.8(6.1~9.4), WS: 363(340~380), Ⅲ/Ⅴ: 1.36(1.31~1.42), Tib: 22.1(19.0~24.7), Hfcu: 10.2(8.3~14.0), T: 54.5(52.3~58.6), GLS: 21.3(21.0~21.5), CBL: 20.3(19.8~20.7), ZYW: 14.3(13.9~14.6), B.BC: 9.5(9.3~9.7), D.BC: 8.3(7.6~8.9), IOC: 4.7(4.6~4.8), C-M3: 7.5(7.4~7.7), C-C: 6.6(6.4~6.8), M3-M3: 8.7(8.6~8.8)

형태

등 쪽 털은 짙은 황갈색 또는 짙은 갈색이며, 털 기부는 짙은 갈색에 가깝고, 중간에서 끝으로 갈수록 금속 광택을 띤다(1). 배 쪽 털은 등보다 옅은 황갈색이다. 새끼는 출생 초기에 짙은 회갈색 털로 덮이며, 성장하면서 점차 황갈색 또는 짙은 갈색을 띤다. 귀는 크고 끝은 완만한 곡선이다. 귀 너비는 기부에서 1/3 지점이 가장 넓으며 끝으로 갈수록 귀 안쪽에 가로 주름이 4~5개 있다. 이주는 귀 길이에 비해서 짧으며 끝은 둥글고 얼굴을 향해 약간 휘었다(2). 주둥이는 얼굴 앞으로 튀어나왔으며, 이빨은 날카롭고 크다(3). 익장은 평균 360mm 이상이고, 익형률은 약 1.36이다. 비막은 짙은 갈색으로 바깥쪽 발가락 기부에 붙었다(4). 꼬리는 두동장의 70%가량으로 꼬리 끝이 꼬리막 밖으로 평균 5.3mm 삐져나왔다(5). 수컷 음경은 평균 7.3mm로 끝부분은 뭉툭한 곤봉 모양이다(6).

1 털

2 귀와 이주

치식은 I 2/3 + C 1/1 + P 1/2 + M 3/3 = 32이다. 두골은 평평하며 매우 낮고 주둥이에서 전두골로 이어지는 부분에서 약간 상승하지만 전체는 직선이다. 협골궁은 넓으며 주둥이 부분은 매우 넓다. 람다릉은 잘 발달했으며 시상릉은 두드

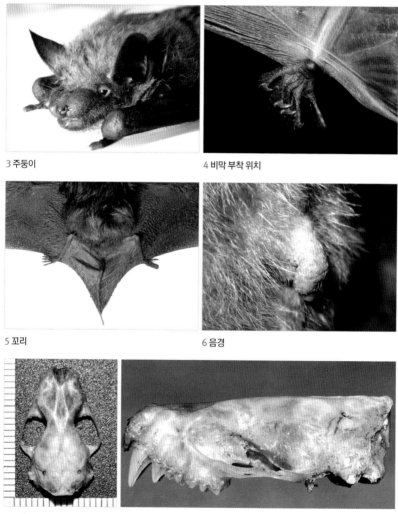

3 주둥이

4 비막 부착 위치

5 꼬리

6 음경

7 두개골

러지지 않는 편이다(7). 위턱 앞쪽 앞니(I2)는 크게 발달했으나 뒤쪽 앞니(I3)는 매우 작아서 앞쪽 앞니의 절반가량이다(8). 위턱 앞어금니는 1쌍으로 송곳니와 서로 붙었으며 길이는 송곳니의 절반가량이다(9). 아래턱 앞니는 3엽으로 1/3가 량 서로 겹친다(10). 아래턱 앞쪽 앞어금니(p2)는 뒤쪽 앞어금니(p4) 길이의 80% 이며, 뒤쪽 앞어금니 길이는 앞쪽 어금니(m1)와 같거나 조금 길다(11).

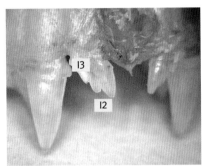

8 위턱 앞니

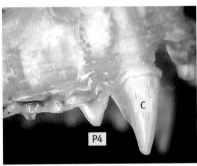

9 위턱 송곳니와 앞어금니

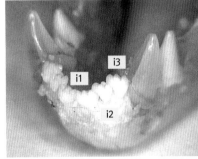

10 아래턱 앞니

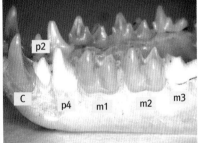

11 아래턱 송곳니와 앞어금니와 어금니

생태

활엽수림이나 혼효림으로 구성된 산림 또는 기암절벽의 바위틈 등에 서식하며

(12), 집박쥐와 비슷하게 다리나 주택 또는 건물 간판 틈 같은 인공 구조물을 은신처나 잠자리로 이용할 때도 많다(13, 14). 여름에는 해발 900m, 겨울에는 해발 1,100m 지점까지 서식한 기록이 있다. 수십에서 수백 마리가 군집을 이루어 생활한다. 여름철 활동기에는 일몰 30분 뒤부터 나타나 주로 산림 수관층 상부, 초

12 서식지인 기암절벽 바위틈

13 다리 아래에서 쉰다.

▲▼ 14 벽돌 건물 간판 틈에 서식하기도 한다.

15 도심 공원 가로등 주변 초지대에서도 사냥한다.

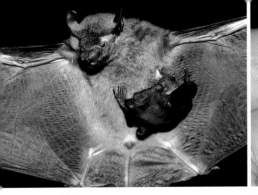

16 수유

17 갓 태어난 새끼

지대 주변 상공, 가로등 주변 등을 날며 곤충을 사냥한다(15). 주요 먹이는 딱정벌레목, 벌목, 파리목, 노린재목, 나비목이며, 이 가운데 딱정벌레목과 나비목을 가장 많이 먹는다. 해외에서는 최대 이동 거리 330km, 일일 최대 비행 거리는 40km로 알려졌다. 국내에서 연구한 여름철 행동권은 22~200ha이며, 하룻밤에 50km 이상 비행 가능한 것으로 확인되었다. 6월 말에서 7월 초 사이에 임신한 암컷으로 구성된 포육 집단을 이루어 새끼를 1~2마리를 낳는다(16). 갓 태어난 새끼는 털이 없고 귀는 앞으로 접혔으며, 눈을 감고 있다(17). 겨울잠 장소에 대해서는 자세히 알려진 자료가 없으나, 석회동굴 안에서 겨울잠을 자는 개체를 확인한 적이 있다(18). 지금까지 알려진 최대 수명은 19년이다.

18 석회동굴에서 겨울잠을 잔다.

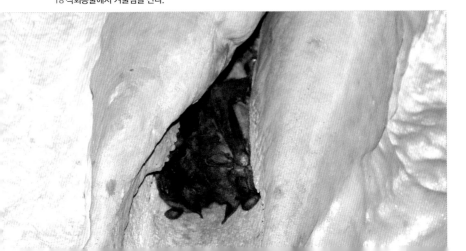

초음파

초음파는 전형적인 FM형으로 매우 짧은 시간 동안 광대역 주파수를 발산한다
(19). 최대 강도 주파수는 낮은 편으로 평균 30kHz다. 그러나 서식지 환경과 비
행 상태에 따라 패턴이 다른 초음파를 발산하기도 한다. 산림 수관층 상부나 개
방된 하천 위를 날 때에는 20~40kHz 범위로 좁은 대역폭 초음파를 발산하며,
음 끝부분에서 아주 짧게 CF형을 보이기도 한다(20).

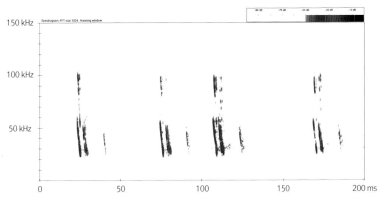

19 일반적인 초음파

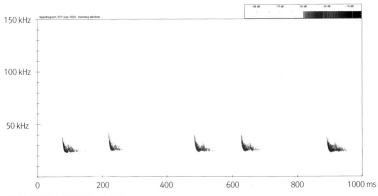

20 개방 지역을 날 때 발산하는 초음파

현황 및 분포

유럽에서부터 중앙아시아, 동아시아에 폭넓게 분포한다. 우리나라에서는 제주도를 제외한 전국에 서식한다.

참고

지금까지 채집 기록이 드물어 생태 정보가 매우 부족하다. 특히 겨울잠 장소 특징이나 개체군의 전국 분포 현황은 파악되지 않았다. IUCN 적색목록에서는 관심대상(LC)으로 분류한다.

고바야시박쥐(서선졸망박쥐)

Kobayashi's Serotine
Eptesicus kobayashii **Mori, 1928**

크기

HB: 61.0, FA: 45.5, E: 18.0, Tra: 7.0, Tib: 19.0, Hfcu: 10.0, T: 46.0, GLS: 18.8, ZYW: 14.0, B.BC: 9.8, IOC: 4.9 | 평양 (Mori, 1928)

※ 우리나라(남한)에서 기록된 자료가 없다.

형태

문둥이박쥐와 비슷한 것으로 알려졌으나 비교할 수 있는 표본이 없다.

생태

알려진 자료가 없으며, 문둥이박쥐와 비슷할 것으로 추측한다.

초음파

초음파에 관한 정보가 없다.

현황 및 분포

지금까지 한반도에서 알려진 기록은 3회(평양, 개성, 서울)가 전부다.

참고

한반도에만 사는 것으로 알려진 고유종이지만 기록이 적고 표본도 없다. 1922년 6월 채집된 뒤 1928년 국내에 처음 기록되었으나 추가 채집 사례가 없다. 분류학적으로도 뚜렷하지 않은 상태로 문둥이박쥐의 동종이명일 것으로 본다. IUCN 적색목록에서는 정보부족(DD)으로 분류한다.

생박쥐(작은졸망박쥐)

Northern Bat
Eptesicus nilssonii (Keyserling & Blasius, 1839)

© M. Mukohyama

크기

HB: 54.3, FA: 39.6, T: 42.9, Hfcu: 11.0, Tib: 16.2, E: 14.7, CBL: 15.4, ZYW: 10.0
| 사할린 및 홋카이도 개체 평균 (Yoshiyuki, 1989)

※ 우리나라(남한)에서 기록된 자료가 없다.

형태

털은 갈색이며, 털 끝은 금속 광택을 띤다. 귀는 짧고 끝이 둥글며, 이주는 귀 길이 절반에 못 미친다. 비막은 좁고 긴 편이며, 바깥쪽 발가락 기부에 붙었다. 꼬리는 길며(수컷 평균 40.5mm, 암컷 평균 44.5mm) 꼬리 끝이 꼬리막 밖으로 2~3mm 삐져나왔다.

치식은 I 2/3 + C 1/1 + P 1/2 + M 3/3 = 32다. 두골은 매우 단단하고 납작한 편이다. 시상릉은 잘 발달했으며 중앙부에서는 살짝만 드러난다. 두골을 옆에서 보면 주둥이 부분부터 뇌함 후두부까지 경사가 완만하다. 위턱 앞쪽 앞니(I2) 길이는 송곳니 길이의 절반가량으로, 2차 교두가 크고 뚜렷하다.

생태

수피 틈, 건물에 주로 서식하며, 밤에는 산림에서부터 도심까지 폭넓게 활동한다. 여름철에는 바위틈이나 인가 지붕에서 쉬기도 한다. 임신한 암컷은 봄부터 가을에 걸쳐 수십에서 수백 마리가 모여서 출산 군집을 이루며, 6월 말에서 7월 초에 새끼를 낳는다. 동아시아에 사는 개체 수명 자료는 없으며, 유럽에서는 12년까지 생존한 기록이 있다. 성적 성숙 시기와 번식 방법에 관해서는 알려진 정보가 없다.

초음파

우리나라에서 기록한 초음파 자료는 없으며, 일본 개체군의 펄스 형태는 FM형에 가까우며 끝부분은 CF형을 띤다. 초음파 최대 강도는 약 30kHz로 우리나라의 문둥이박쥐와 비슷하다.

현황 및 분포

유럽에서부터 동아시아까지 폭넓게 분포한다. 우리나라에서는 1928년 이후 채집 기록이 없다가 1998년 한상훈 박사가 강원도 동강 영월(사체)과 정선(생체)에서 확인한 사례가 있다. 그 외 자세한 현황 및 분포 자료는 알려지지 않았다.

참고

작은졸망박쥐라고도 한다. 일부 연구자들은 *Eptesicus nilssonii*를 일본의 *E. japonensis*와 동종이명으로 보며, 일부에서는 두개골과 형태 특징을 근거로 *E. nilssonii*와 *E. japonensis*를 별개 종으로 보기도 한다. 그 외에도 DNA 바코드 연구를 바탕으로 이 종을 *E. gobiensis*의 동종이명으로 보는 학자도 있다. 현재 IUCN 적색목록에서는 관심대상(LC)으로 분류한다.

토끼박쥐

Siberian Long-eared Bat
Plecotus ognevi Kishida, 1927

크기

HB: 48.2(42.6~57.0), FA: 40.6(38.1~43.1), E: 34.5(31.7~37.6), Tra: 16.0(14.1~18.0), WS: 260(235~275), Ⅲ/Ⅴ: 1.22(1.17~1.27), Tib: 19.7(15.8~22.0), Hfcu: 9.1(8.0~10.1), T: 44.0(41.0~47.0), GLS: 16.8(16.5~17.4), CBL: 15.6(15.2~16.2), ZYW: 9.0(8.8~9.2), B.BC: 7.7(7.5~8.2), D.BC: 7.4(7.2~7.6), IOC: 3.6(3.5~3.9), C-M3: 5.5(5.3~5.7), C-C: 4.0(3.9~4.3), M3-M3: 6.6(6.5~6.7)

형태

등 쪽 털은 황갈색 또는 옅은 갈색이며, 중앙부는 털 기부에서 끝으로 갈수록 회갈색 또는 은백색을 띠기도 한다(1). 배 쪽 털은 매우 옅은 황갈색으로 등 쪽에 비해 밝은 편이다. 주둥이는 짧고 윗부분 콧구멍과 눈 사이는 두드러지게 볼록하며, 콧구멍은 위로 열렸다(2). 귀는 짙은 갈색으로 어두운 편이며, 이주는 그보다 밝다. 귀는 35mm가량으로 매우 길고 끝은 둥글며, 안쪽에 가로 주름이 20개 이상 있다. 귀 안쪽 가장자리는 앞쪽으로 접혔고 기부에는 삼각형으로 튀어나온 부분이 있어 양쪽 귀가 거의 맞닿은 것처럼 보인다. 이주도 매우 길며 귀 길이의 46%가량이다(3). 익형률은 평균 1.22이다. 비막은 짙은 갈색이며 바깥쪽 발가락 기부에 붙었다(4). 꼬리는 몸에 비해서 긴 편으로 두동장의 90%를 넘으며, 꼬리 끝은 꼬리막 밖으로 2.0mm가량 삐져나왔다(5). 수컷 음경 길이는 평균 4.4mm

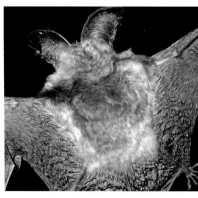

1 털

2 주둥이

이며, 음경골은 화살촉 모양이다(6).

치식은 I 2/3 + C 1/1 + P 2/3 + M 3/3 = 36이다. 두골을 옆에서 보면 주둥이 부분에서 볼록하며 그 뒤 뇌함 중앙부까지 완만하게 상승한 뒤 점차 하강한다. 두골 후두부는 튀어나왔으며, 람다릉과 시상릉은 잘 드러난다. 협골궁 아치 부분

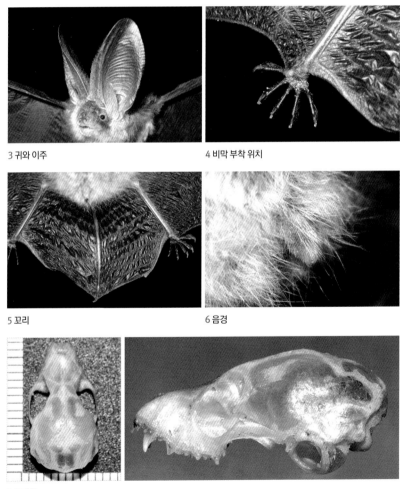

3 귀와 이주

4 비막 부착 위치

5 꼬리

6 음경

7 두개골

은 직선이다(7). 위턱 앞쪽 앞니(I2)는 교두 2개로 이루어져 있으며, 뒤쪽 앞니 (I3)는 앞쪽 앞니 뒤 교두 길이와 같거나 조금 짧다(8). 앞쪽 앞어금니(P2)는 매우 작고 짧으며, 뒤쪽 앞어금니(P4) 길이는 송곳니의 절반가량이다(9). 아래턱 앞니 는 3엽으로 서로 조금씩 겹친다(10). 아래턱 앞어금니는 3쌍으로 뒤쪽 앞어금니 (p4)가 가장 길며, 중간 앞어금니(p3)가 가장 짧다(11).

8 위턱 앞니

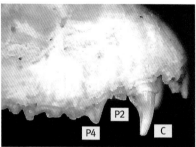

9 위턱 송곳니와 앞어금니

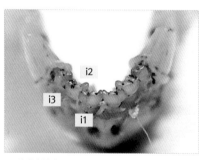

10 아래턱 앞니

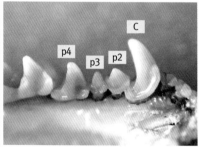

11 아래턱 송곳니와 앞어금니

생태

주로 동굴이나 폐광에 서식하며, 산림 나무 구멍이나 인가 창고 등을 이용한다. 밤에는 관목층과 교목층이 잘 발달하고 하층 식생이 밀집된 곳을 선호한다(12).

12 야간 채식지

날갯짓이 매우 빨라 정지 비행에 능숙하며, 공중에서 정지 비행하다가 잎 표면이나 지면에 있는 곤충을 사냥한다. 크고 작은 곤충을 잡아먹으며 주로 밤나방과, 박쥐나방과, 뾰족날개나방과, 네발나비과, 자나방과, 박각시과, 불나방과, 명나방과를 사냥한다. 서식지 한 곳을 장기간 이용하며 여름철 활동 장소와 겨울잠 장소 사이 거리는 수 킬로미터 이내다. 6월 말에서 7월 초 사이에 주로 새끼를 1마리 낳으며, 새끼는 태어난 다음 해에 바로 출산한다. 동굴이나 폐광에서 홀로 벽에 매달리거나 작은 구멍 속에 들어가서 겨울잠을 잔다. 겨울잠을 잘 때에는 귀를 뒤로 접고 이주만 앞으로 내놓는다(13). 평균 수명은 4.5년이지만 최대 22년을 산 기록이 있다.

초음파

초음파는 FM형으로 다른 종에 비해 강도는 약한 편이다(14). 주로 25~70kHz

13 겨울잠

범위 주파수대를 발산하며 펄스는 하나 또는 둘 이상 음절로 이루어진다. 초음
파 최대 강도는 약 38kHz에서 확인된다.

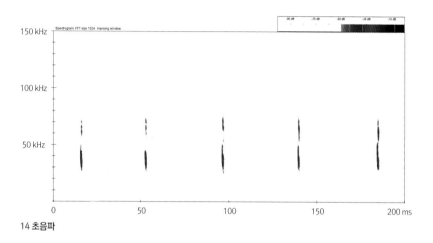

14 초음파

현황 및 분포

카자흐스탄, 시베리아 남동부, 몽골, 중국 북부, 한국 등 중앙아시아에서 동북아
시아에 걸쳐 분포한다. 우리나라에서는 제주도를 제외한 전국 산림 지대에 서식
하며, 중부 이북 지역에서 겨울잠 장소가 확인되는 일이 많다.

참고

서식지가 주로 산악 지대와 동굴, 폐광이어서 임도 건설, 간벌 등으로 말미암아
우리나라를 비롯해 전 세계에서 서식지가 감소하고 있다. 우리나라에서는 멸종
위기야생생물 Ⅱ급으로 지정되었으며, 한국 적색목록집에서는 취약(VU)으로
분류한다. IUCN 적색목록에서는 관심대상(LC)으로 분류한다.

안주애기박쥐

Asian Particolored Bat
Vespertilio sinensis (Peters, 1880)

크기

HB: 63.0(58.2~68.4), FA: 48.5(46.7~50.3), E: 14.3(11.1~15.9), Tra: 5.5(4.1~6.5), WS: 320(310~340), Ⅲ/Ⅴ: 1.44(1.33~1.51), Tib: 18.5(17.6~19.8), Hfcu: 9.9(8.3~11.9), T: 42.3(39.8~45.3), GLS: 17.0(16.4~17.8), CBL: 16.8(16.3~17.5), ZYW: 11.0(10.4~11.6), B.BC: 8.4(7.9~9.8), D.BC: 7.3(5.9~7.9), IOC: 4.5(4.4~4.8), C-M3: 6.2(5.9~6.5), C-C: 5.6(5.2~5.9), M3-M3: 7.2(6.7~7.7)

형태

털은 짧고 조밀한 편으로 기부에서 약 80%까지는 어두운 갈색이고 끝부분은 옅은 회색 또는 흰색이다(1). 주둥이는 짧고 넓으며, 코는 크고 튀어나왔다. 귀는 짙은 갈색으로 끝이 둥그스름한 삼각형이며, 길이와 최대 너비가 거의 같다. 이주는 부채꼴 같은 반원 모양으로 매우 짧으며 귀 길이의 38%가량이다(2). 익형률은 1.44로 큰귀박쥐와 긴가락박쥐 다음으로 길고 좁은 협장형이다. 비막은 바깥쪽 발가락 기부에 붙었으나, 부착 부위에 주름이 많고 중족골이 짧아 중족골 중앙 또는 발목 부분에 붙은 것처럼 보인다(3). 하퇴골은 몸에 비해 짧은 편으로 두동장의 29%가량이다. 뒷발은 발가락이 굵고 짧으며 표면이 매우 두껍고 거칠다(4). 꼬리 길이는 두동장의 약 67%이며, 꼬리 끝은 꼬리막 밖으로 평균 2.8mm가량 삐져나왔다. 꼬리막 안쪽으로 배와 비막 경계부의 갈색 털이 꼬리뼈를 따

1 털

2 얼굴과 귀와 이주

3 비막 부착 위치　　　　4 뒷발　　　　5 꼬리

라 끝부분까지 나 있으며, 꼬리막 안쪽 가로 주름을 따라서도 미세하지만 조밀하게 털이 있다(5). 수컷 음경은 검은색이며 약 9.2mm로 긴 편이다(6). 음경골은 평균 7.27mm로 길며 옆에서 보면 약간 휜 원뿔 모양이다(7).

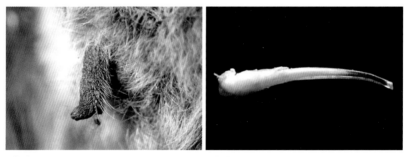

6 음경　　　　　　　　7 음경골

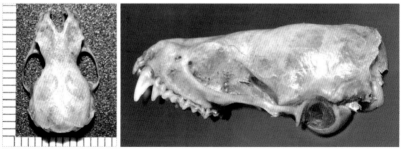

8 두개골

치식은 I 2/3 + C 1/1 + P 1/2 + M 3/3 = 32다. 두골은 주둥이 폭이 매우 넓고 전두골에서 뇌함 후두부까지 매우 평평하다. 람다릉은 잘 드러나며, 시상릉은 거의 두드러지지 않는다(8). 위턱 앞쪽 앞니(I2)는 크게 발달했으나 뒤쪽 앞니 (I3)는 매우 작아서 앞쪽 앞니의 30%가량이다(9). 송곳니는 크고 강하며 앞어금니 1쌍은 송곳니 길이의 절반 또는 절반을 조금 넘는다(10). 아래턱 앞니는 3엽으로 서로 1/3가량 겹친다(11). 아래턱 앞쪽 앞어금니(p2) 길이는 송곳니의 절반에 조금 못 미치며, 뒤쪽 앞어금니(p4) 길이는 송곳니의 80%가량으로 앞쪽 어금니(m1)와 비교해서 조금 높다(12).

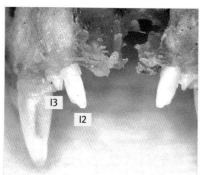

9 위턱 앞니

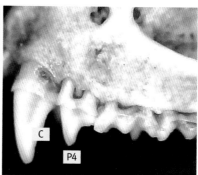

10 위턱 송곳니와 앞어금니

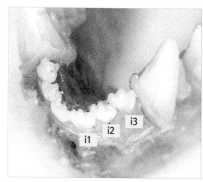

11 아래턱 앞니

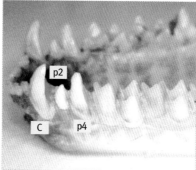

12 아래턱 송곳니와 앞어금니

생태

주로 나무 구멍이나 수피 틈, 바위나 절벽 틈 같은 자연 서식지를 이용하며(13), 빌딩이나 주택 같은 인공 구조물을 이용하기도 한다(14). 밤에는 높은 상공을 빠르게 날며, 15kHz 이하 가청 범위로 매우 짧고 금속성인 '찍, 찍' 거리는 소리를 낸다. 봄부터 여름까지 임신한 암컷 십여 마리에서 수백 마리가 모여 출산 군집을 이루며, 6월 말에서 7월 초에 새끼를 2마리 낳는다. 새끼가 성장한 뒤에는 출산 군집이 해체되며 각자 다른 서식지로 흩어진다. 갓 태어난 새끼는 눈을 감고 있으며 태어난 뒤 8~12일 사이에 눈을 뜬다. 태어난 뒤 5~6주가 지나면 전완장이 성체와 거의 비슷해지고 혼자서 사냥이 가능하다. 새끼는 태어난 해 가을이면 암수 모두 성적으로 성숙하며, 암컷은 태어난 지 만 1년이 되면 번식이 가능하다. 나비목, 파리목, 딱정벌레목을 주로 먹으며, 임신이나 수유 시기에 암컷은 하루에 자기 체중의 30%가 넘는 6g 이상을 잡아먹는다.

13 바위 절벽 틈에서 겨울잠을 잔다.

14 인공 구조물도 자주 이용한다.

초음파

초음파 대역폭은 20~100kHz로 펄스는 비행하는 환경에 따라서 FM형 또는 FM-CF형 패턴을 보인다. 주로 고지대 산림을 날며 곤충을 사냥하는데 수관층 상부 개방된 공간을 날 때는 가청음 범위인 짧은 FM형과 긴 CF형으로 구성된 소리를 발산하며(15), 수관층 하부 복잡한 식생 사이를 날 때는 FM형을 발산한다(16). 수관층 상부를 날 때 발산하는 소리는 펄스 지속 시간이 100ms 이상이며, 최대 강도 주파수는 약 13.5kHz로 사람 귀로도 감지할 수 있다. 수관층 하부 식생 사이를 날 때 발산하는 소리는 펄스 지속 시간이 약 2.4ms로 매우 짧고 최대 강도는 초음파 범위인 약 30kHz에서 확인된다.

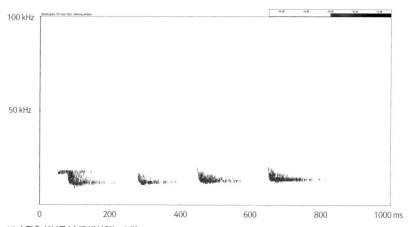

15 수관층 상부를 날 때 발산하는 소리

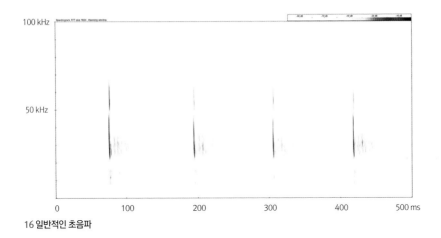

16 일반적인 초음파

현황 및 분포

우수리, 중국, 대만, 한국, 일본에 분포하며, 우리나라에서는 제주도를 제외한 내륙 전 지역에 서식한다. 국내 채집 기록이 적고, 생태 정보가 거의 없다. 자연 서식지를 주로 이용하지만 겨울잠 장소로 주택이나 빌딩을 이용하는 일도 많다. 최근에는 자연 서식지가 감소하면서 신개발 도심 외곽에 있는 아파트나 고층 건물을 이용하는 일이 늘고 있다.

참고

북한에서는 안주쇠박쥐라고 하며, 매우 드물다고 알려졌다. 북방애기박쥐와 생김새가 비슷하지만 몸이 더 크고 귀 끝이 둥그스름한 삼각형인 점이 다르다. 예전에는 음경골 형태 차이에 근거해 *Vespertilio superans*와 *V. orientalis*로 구별하기도 했으나 현재는 두개골 형태 차이에 근거해 이 종을 *V. sinensis*로 분류한다. IUCN 적색목록과 한국 적색목록집에서 모두 관심대상(LC)으로 분류한다.

북방애기박쥐

Particolored Bat
Vespertilio murinus Linnaeus, 1758

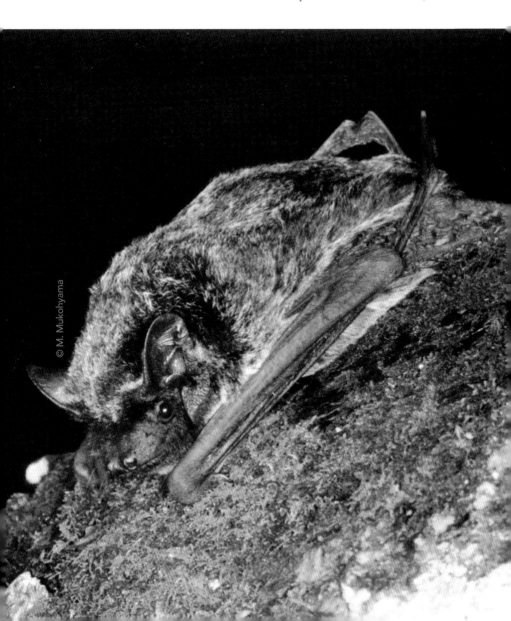

© M. Mukohyama

크기

HB: 44.2~64.7, FA: 44.8~46.0, T: 36.9~46.0, Tib: 17.3~18.0, E: 14~16, Tra: 4.0~5.5, Hfcu: 9.3~10.5
| 홋카이도 (Sano 등, 2009)

형태

등 쪽 털은 은색 또는 흰색이 섞인 암갈색이며, 배 쪽은 밝은 회색이다. 얼굴과 귀, 비막은 검은색 또는 어두운 갈색이다. 귀는 짧고 넓으며 끝이 둥근 편이고, 비막은 좁은 편이다. 안주애기박쥐와 형태가 매우 유사해 구별이 어렵다. 다른 박쥐와 달리 유두가 2쌍 있다.

생태

여름철에는 가옥이나 빌딩을 은신처로 삼으며, 드물게는 속이 빈 나무, 바위틈 등을 이용하기도 한다. 겨울철 은신처로는 주로 바위 절벽의 갈라진 틈, 높은 건물 창고, 나무 구멍 등을 이용한다. 보통 작은 무리를 이루나 종종 홀로 생활하기도 한다. 해가 진 뒤 늦게 나타나 산림, 초원, 농경지, 도심 등 다양한 환경의 개방된 상공을 날며 주로 나방류와 딱정벌레류를 사냥한다. 암컷은 5~7월에 출산 군집을 이루며, 보통 새끼를 2마리 낳는다. 최대 수명은 12년으로 알려졌다.

초음파

우리나라에서 알려진 초음파 자료는 없다. 일본에서 확인된 초음파 범위는 평균 21~35kHz이며, 최대 강도는 약 25kHz이다. 유럽 개체군도 평균 25~27kHz인 낮은 주파수를 이용한다.

현황 및 분포

유라시아 동북부 및 시베리아 지역에 분포한다. 일본에서는 2000년 이전까지 단 4개체만 관찰 기록이 있었으나, 2011년 홋카이도에서 새끼를 포함한 100마리 이상 군집이 관찰되었다. 이로써 일본에서는 연중 서식하는 사실이 확인되었나. 한반도에서는 북한 기록만 있으며, 북방한계선은 북위 62도, 남방한계선은 북위 35도이다.

참고

수백에서 1,000km 이상 장거리를 이동하며, 유럽에서는 최대 1,440km까지 이동한 기록이 있다. IUCN 적색목록에서는 관심대상(LC)으로 분류한다.

관코박쥐

Greater Tube-nosed Bat, Hilgendorf's Tube-nosed Bat
Murina hilgendorfi (Peters, 1880)

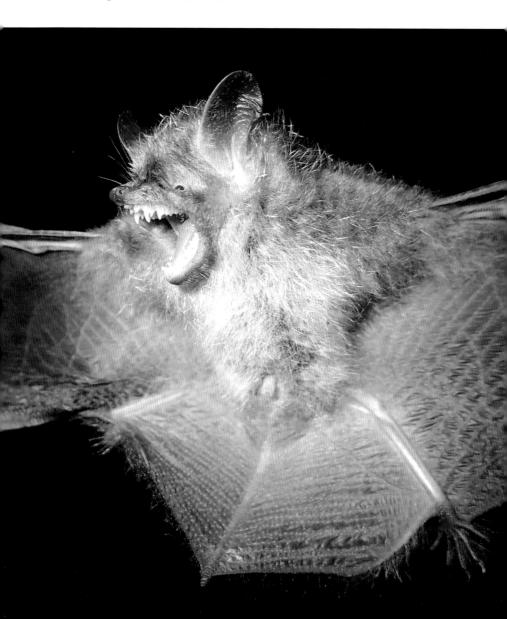

크기

HB: 55.0(47.0~64.0), FA: 43.0(41.0~47.0), E: 17.0(15.0~20.0), Tra: 10.0(9.0~11.0), WS: 290(270~310), Ⅲ/Ⅴ: 1.19(1.16~1.21), Tib: 20.0(19.0~22.0), Hfcu: 11.0(10.0~13.0), T: 41.0(39.0~44.0), GLS: 19.7(19.4~20.2), CBL: 18.4(18.1~18.7), ZYW: 11.3(11.1~11.5), B.BC: 8.9(8.8~9.0), D.BC: 8.1(7.7~8.6), IOC: 5.1(5.0~5.2), C-M3: 6.3(6.1~6.5), C-C: 5.1(5.0~5.2), M3-M3: 6.9(6.6~7.1)

형태

털은 황갈색 또는 회갈색으로 곧고 긴 털과 부드럽고 짧은 털이 섞여 있으며, 긴 털 끝은 은색 광택을 띤다(1). 얼굴은 뾰족하며, 코는 튜브 모양으로 1mm가량 앞으로 튀어나왔다(2). 귀는 반투명하며 끝이 둥글고, 안쪽으로 과립이 산재한다. 이주는 뾰족하고 길어 귀 길이의 약 60%이며, 정면에서 봤을 때 끝이 바깥쪽으로 휘었다(3). 익형률은 1.19로 광단형에 가깝다. 몸에 비해서 제1지가 평균 10mm 이상으로 매우 길어 전완장의 25~30%이며 털이 성글게 나 있다(4). 비막은 반투명하며 바깥쪽 발가락 기부에 붙었다(5). 뒷발은 하퇴골의 55%가량이며, 발등에는 긴 털이 촘촘하게 나 있다(6). 꼬리 전체가 털로 덮였으며, 꼬리 끝은 꼬리막 밖으로 2.8mm가량 삐져나왔다(7). 수컷 음경 길이는 평균 5.3mm로 옅은 분홍색을 띤 곤봉 모양이다(8). 음경골은 최대 길이가 평균 2.15mm로 몸과

1 털

2 얼굴

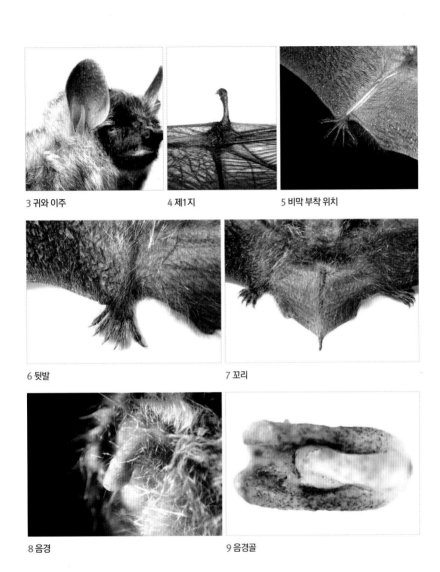

3 귀와 이주

4 제1지

5 비막 부착 위치

6 뒷발

7 꼬리

8 음경

9 음경골

음경 길이에 비해서 짧으며, 끝부분은 부드러운 타원형이고 기부 세로축 중심부

가 오목하다(9).

치식은 I 2/3 + C 1/1 + P 2/2 + M 3/3 = 34이다. 뇌함은 비교적 낮은 편으로 람

다릉과 시상릉은 잘 발달했다. 옆에서 보면 두골 주둥이 중앙부 능선은 약간 오목하며, 전두부에서 볼록해진 뒤 점차 완만하게 상승한다(10). 위턱 앞쪽 앞니 (I2) 길이는 뒤쪽 앞니(I3)와 거의 같거나 조금 길다(11). 앞쪽 앞어금니(P2) 길이는 뒤쪽 앞어금니(P4)의 절반가량이며, 뒤쪽 앞어금니는 송곳니의 절반을 넘는다(12). 아래턱 앞니들은 3엽으로 서로 50%가량 겹친다(13).

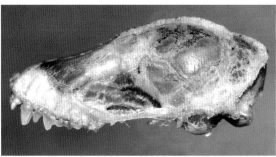

10 두개골

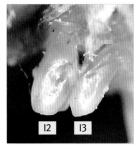

11 위턱 앞니

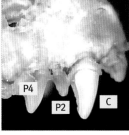

12 위턱 송곳니와 앞어금니

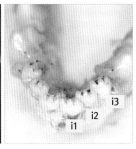

13 아래턱 앞니

생태

낮은 언덕부터 높은 산림까지 폭넓게 서식한다. 주로 동굴이나 폐광을 이용하지만 나뭇잎, 나뭇가지, 인공 새집, 가옥 등도 이용한다. 정지 비행이 가능하며, 주로 산림 지면이나 나뭇잎에 붙은 곤충을 사냥한다. 대개 동굴이나 폐광 구멍, 암반 갈라진 틈 등에서 한 마리 또는 여러 마리가 군집을 이루어서 겨울잠을 잔다 (14). 암컷 출산 군집은 확인된 사례가 없어 홀로 출산하고 수유하는 것으로 추측된다. 7월에 새끼를 1~3마리 낳는다. 수명은 5~9년이며, 최대 16년까지 생존한 기록이 있다.

초음파

초음파 범위는 40~120kHz로 FM형이며(15), 주파수 최대 강도는 약 60kHz에서 확인된다.

14 동굴이나 폐광 구멍에서 겨울잠을 잔다.

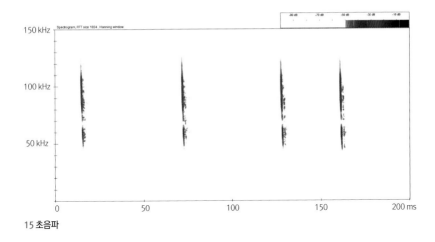

150 kHz

100 kHz

50 kHz

0   50   100   150   200 ms

15 초음파

현황 및 분포

중국 북부, 러시아(우수리, 사할린 등), 몽골, 일본 등에 분포하며, 우리나라에서는 제주도를 포함한 전국에 서식한다.

참고

뿔박쥐라고도 한다. 제주도 서식은 2007년 9월에 처음 확인되었다. 예전에는 시베리아 지역 및 일본과 한국을 포함한 동아시아에 서식하는 종을 *Murina leucogaster*로 분류했으나, 지금은 한국과 사할린 지역 등의 표본 연구를 통해 별개 종인 *M. hilgendorfi*로 분류한다. 생태 특징은 알려진 것이 적으며, IUCN과 우리나라 적색목록에서는 관심대상(LC)으로 분류하며, 일본에서는 오래된 산림이 줄어들며 취약종으로 관리한다.

작은관코박쥐

Ussuri Tube-nosed Bat
Murina ussuriensis Ognev, 1913

크기

HB: 45.0(39.8~47.1), FA: 30.8(28.6~32.5), E: 13.9(13.0~14.9), Tra: 8.0(7.5~8.6), WS: 220(215~230), Ⅲ/Ⅴ: 1.21(1.16~1.26), Tib: 15.0(14.3~15.6), Hfcu: 7.2(6.3~8.8), T: 33.0(29.9~36.3), GLS: 16.3(15.9~16.6), CBL: 14.9(14.6~15.3), ZYW: 8.8(8.5~9.2), B.BC: 7.5(7.4~7.7), D.BC: 6.9(6.4~7.4), IOC: 4.3(4.2~4.5), C-M3: 5.1(5.0~5.4), C-C: 3.8(3.5~3.9), M3-M3: 5.6(5.3~6.0)

형태

우리나라에 사는 박쥐 가운데 가장 작으며, 무게는 평균 7g 이하, 전완장은 평균 약 30mm다(1). 털은 황갈색 또는 짙은 갈색이며 털 끝은 은색 또는 금속 광택을 띠지만 관코박쥐와 비교해서는 옅은 편이다(2). 얼굴 털은 눈을 중심으로 귀 앞쪽 끝까지 거의 없으며, 코는 튜브 모양으로 1~3mm 앞으로 튀어나왔다. 귀는 반투명한 옅은 갈색으로 안쪽에 가로 주름이 있지만 거의 드러나지 않으며, 귓바퀴 안쪽으로 작은 과립이 산재한다. 이주 길이는 평균 8.0mm로, 귀 길이의 58%이며, 기부가 넓은 삼각형이다(3). 제1지는 몸길이에 비해 긴 편으로 전완장의 25%다(4). 비막은 짙은 회색 또는 짙은 갈색으로 뒷발 발가락 중앙에 붙었다(5). 꼬리막과 뒷발은 털로 덮였으며, 양쪽 뒷발부터 꼬리막 중앙까지 막 가장자리를 따라서 털이 촘촘하게 나 있다. 꼬리 길이는 두동장의 70% 이상이며, 꼬리

1 크기

2 털

3 얼굴과 귀와 이주

4 제1지

5 비막 부착 위치

6 뒷발 및 꼬리막

7 음경

끝은 꼬리막 밖으로 1.5mm가량 삐져나왔다(6). 수컷 음경은 약 3.9mm로 짧고 색이 밝다(7).

치식은 I 2/3 + C 1/1 + P 2/2 + M 3/3 = 34다. 두골 길이는 너비에 비해서 긴 편이다. 람다릉은 잘 드러나나 시상릉은 뇌함 후두부로 갈수록 거의 드러나지 않는다. 두골을 옆에서 보면 주둥이 부분은 평평하지만 전두골 앞에서 급히 경사지며 융기된 뒤 두골 정중부까지 완만하게 상승한 다음 후두부까지 하강한다 (8). 위턱 앞니들은 크게 발달했으며 뒤쪽 앞니(I3)는 앞쪽 앞니(I2) 길이에 조금 못 미친다(9). 송곳니 길이는 짧은 편으로 뒤쪽 앞어금니(P4) 길이와 비슷하거나 조금 길며, 앞쪽 앞어금니(P2) 길이는 뒤쪽 앞어금니의 절반 이상이다(10). 뒤쪽 어금니(M3)는 일자형으로 중간 어금니의 1/3 이하다(11). 아래턱 앞니는 1/4가

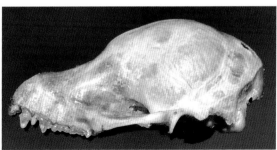

8 두개골

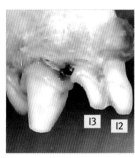

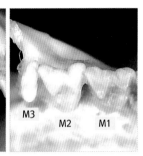

9 위턱 앞니　　10 위턱 송곳니와 앞어금니　　11 위턱 어금니

량 서로 조금씩 겹친다(12). 앞쪽 앞어금니(p2) 길이는 뒤쪽 앞어금니(p4) 길이에 조금 못 미친다(13).

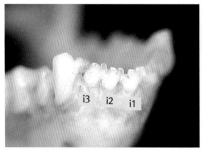
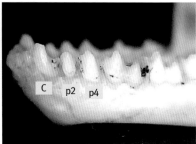

12 아래턱 앞니

13 아래턱 송곳니와 앞어금니

생태

나무에 균열이 생긴 곳 또는 수피 틈, 쓰러진 나무, 낙엽 아래, 줄기 윗부분 가지, 동굴이나 폐광, 가옥 등 매우 다양한 곳을 은신처로 삼는다(14). 6월 말에서 7월 말 사이에 한 번에 새끼 1~2마리를 낳는다. 먹이는 자세히 알려지지 않았으나, 하층 식생이 잘 발달한 산림에서 보이는 점과 비막이 정지 비행에 적합한 점으로 볼 때 산림에서 낮은 높이로 날며 지면이나 나뭇잎 등에 붙은 곤충을 사냥할 것으로 추측한다. 고목 수피 틈, 낙엽층 사이, 줄기 윗부분에서 쉬는 개체가 확인된 사례가 있지만, 관찰 기록이 매우 적어 구체적인 서식지나 생태 정보는 알려지지 않았다.

14 은신처 유형

초음파

50~120kHz 범위에서 강도가 매우 약한 초음파를 발산한다. 펄스는 FM형으로 평균 지속 시간이 1.16ms로 매우 짧다(15). 초음파 최대 강도는 우리나라에 사는 다른 박쥐와 비교해 높은 편으로 약 90kHz에서 확인된다. 이는 가까운 목표물의 위치를 정확히 파악할 수 있다는 뜻으로, 정지 비행하다가 가까이 있는 작은 곤충을 잡아먹는다는 것을 알 수 있다.

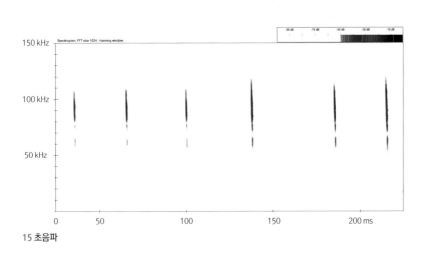

15 초음파

현황 및 분포

러시아 극동과 사할린, 한국, 일본 등 동아시아에 분포하며, 우리나라에서는 제주도를 제외한 내륙 전역에 적은 개체가 서식한다.

참고

우리나라를 비롯해 러시아 극동과 일본에 서식하는 박쥐 중 가장 작다. 우리나라에서는 1931년 일본인 학자가 처음 기록했으나 장소를 뚜렷하지 않게 "한반도 북부"라고 언급했다. 그래서 1959년 경기도 포천에서 뱀의 위에 들어 있던 불완전한 표본을 확인한 것이 유일한 기록으로 평가되어 왔다. 그 뒤 50년 이상 우리나라에서 실체가 확인되지 않았으나 저자가 2011년부터 경남과 경북 북부, 충북, 강원 등에서 채집해 우리나라 서식을 재확인했다. 동아시아에 서식하는 개체군의 계통분류에 대해서는 지금까지 논란의 여지가 있었다. 초기에는 *Murina aurata*의 아종으로 보기도 했으며, 일부 학자들은 일본에 서식하는 개체군을 별개 종인 *M. silvatica*로 보기도 했다. 그러나 *M. silvatica*는 현재 *M. ussuriensis*의 동종이명으로 보며, 아시아 극동부에 서식하는 개체군은 두개골과 음경골 특징이 *M. aurata*와 뚜렷하게 다르다는 것이 확인되어 우리나라를 포함한 일본에 서식하는 개체군을 *M. ussuriensis*로 분류한다. 우리나라에서는 멸종위기야생생물 I 급으로 지정되어 있고, 한국 적색목록집에서는 위기(EN)로 분류한다. IUCN 적색목록에서는 관심대상(LC)으로 분류한다.

멧박쥐

Birdlike Noctule, Japanese Large Noctule
Nyctalus aviator (Thomas, 1911)

© H. Hashimoto

크기

HB: 100.5(89.0~108.0), FA: 62.3(59.0~65.0), T: 59.1(55.0~65.0), Hfcu: 14.1(12.0~15.0), Tib: 24.5(23.0~27.0), E: 19.1(17.5~20.5), Tra: 8.6(8.0~10.0), CBL: 21.93, ZYW: 14.96, IOC: 5.35, D.BC: 7.30, B.BC: 10.80, C-C: 7.35, M3-M3: 9.78 | Yoshiyuki, 1989

형태

우리나라에 사는 박쥐 가운데 가장 크다. 등 쪽 털은 매우 촘촘하고 부드러우며, 밝은 황갈색을 띤다. 귀는 짧고 넓으며 둥근 모양으로 앞으로 접으면 눈과 콧구멍 중간에 이른다. 이주는 짧고 최대 너비와 길이가 거의 같다. 제1지는 약 8.5mm로 전완장의 14%다. 제3지가 길고, 그 가운데서도 중수골이 매우 길며, 제5지가 짧다. 비막은 뒷발 발목에 붙었다.

치식은 I 2/3 + C 1/1 + P 2/2 + M 3/3 = 34다. 뇌상은 넓고 매우 단단하다. 협골궁 너비는 두골기저 전장의 67%가량이다. 시상릉과 람다릉은 잘 발달했으며, 특히 람다릉이 뚜렷하게 높다. 두골을 옆에서 보면, 주둥이 부분부터 뇌함 후두부에 이르기까지 전체적으로 평평하며, 람다릉 앞에서 약간 오목하다.

생태

산림 지역 나무 구멍을 이용한다. 주로 일몰 직후 또는 일출 전에 활동하며, 매우 높이 날면서 곤충을 사냥한다. 먹이는 자세히 알려지지 않았으나, 위 내용물과 배설물 분석 결과에 따르면 하루살이목, 잠자리목, 메뚜기목, 노린재목, 딱정벌레목, 벌목, 파리목, 날도래목, 나비목 같은 곤충이 확인되었다. 임신한 암컷은 6~8월에 십여 마리에서 백여 마리 이상이 모여 출산 군집을 이룬다. 암컷이 출산 군집을 형성하는 동안 수컷도 한 마리에서 십여 마리가 모여 작은 군집을 이룬다. 6월 말에서 7월 초에 새끼를 1~2마리 낳는다. 암컷은 태어난 해에 짝짓기하지만 수컷은 태어난 첫해에는 짝짓기하지 않는다. 자세한 수명은 밝혀지지 않았지만 최소 6년 이상 사는 것으로 알려졌다.

초음파

초음파는 주파수 변화가 거의 없는 CF형으로 범위는 25~35kHz이며, 최대 강도는 약 30kHz에서 확인된다[1].

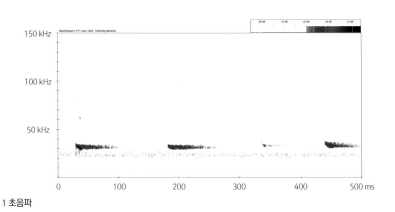

1 초음파

현황 및 분포

러시아 극동, 중국 동부, 한국, 일본 등 동아시아에 분포하며 우리나라에서는 제주도를 제외한 전국에 서식한다.

참고

산림에 서식하는 종으로 서식지 교란과 훼손 때문에 전 세계에서 감소하고 있다. 특히 오래된 큰 나무를 서식지로 이용하기 때문에 벌채가 가장 큰 위협 요인이다. 우리나라에서는 생태를 포함해 분포나 서식지 정보가 거의 알려지지 않았다. IUCN 적색목록에서는 준위협(NT)으로 분류한다.

작은멧박쥐

Japanese Noctule
Nyctalus furvus Imaizumi & Yoshiyuki, 1968

© M. Mukohyama

크기

HB: 77.0~84.0, FA: 48.4~52.7, E: 14.6~18.5, Tra: 7.4~9.2, Tib: 16.6~18.1, Hfcu: 10.0~13.0, T: 47.5~54.0, CBL: 17.51, ZYW: 11.74, B.BC: 9.29, D.BC: 6.57, M3-M3: 8.16, C-M3: 6.49 | 일본 (Yoshiyuki, 1985; Sano 등, 2009)

HB: 69.9, FA: 48.5, E: 15.7, Tra: 5.7, Ⅲ/Ⅴ: 1.71, Tib: 20.5, Hfcu: 12.2, T: 42.2, GLS: 17.9, CBL: 17.9, ZYW: 12.3, B.BC: 9.4, D.BC: 6.6, IOC: 5.2 | 한국 (Yoon, 2009)

형태

멧박쥐와 매우 비슷하지만 크기가 더 작다. 털은 어두운 갈색으로 털 기부보다 끝 부분이 더 짙다. 귀 길이와 너비는 거의 같으며, 귀를 앞으로 접으면 눈과 코 중앙에 이른다. 이주는 짧고 최대 너비는 기부에서 3/4 지점이며 길이보다 길다. 비막은 제5지가 매우 짧아 좁고 긴 모양으로 뒷발 바깥쪽 발가락 중족골 기부에 붙는다. 치식은 I 2/3 + C 1/1 + P 2/2 + M 3/3 = 34다. 주둥이는 넓고 길이는 뇌함보다 짧다. 두골을 옆에서 보면 주둥이 부분부터 람다릉에 이르기까지 평평하지만, 람다릉 앞부분에서 약간 볼록하다.

생태

국내에서 밝혀진 생태 정보가 없다. 주요 은신처는 산림의 나무 구멍이며, 낮은 지역 낙엽활엽수림에서 생활하는 것으로 알려졌다. 장거리를 이동하는 박쥐로 유럽에서는 최대 930km, 러시아에서는 1,600km까지 이동한 기록이 있다. 최대 수명은 12년으로 알려졌다.

초음파

우리나라에서는 알려진 자료가 없다.

현황 및 분포

우리나라에서는 1995년 부산에서 1개체가 채집된 기록이 전부다. 일본 고유
종으로 알려졌으며 아오모리, 이와테, 후쿠시마, 나가노 등에서 채집된 기록
이 있다.

참고

예전에는 일본에 서식하는 종을 *Nyctalus noctula motoyoshii*로 기재했으나 현
재는 형태 차이를 근거로 일본산 개체군을 별개 종인 *N. furvus*로 분류한다. 그
러나 국내 채집 개체와 일본 개체는 꼬리뼈 돌출 여부, 두개골 및 음경골 특징에
서 차이가 있어서 뚜렷한 분류학 검토가 필요하다. IUCN 적색목록에서는 취약
(VU)으로 분류한다.

긴가락박쥐(긴날개박쥐)

Eastern Bent-Winged Bat
Miniopterus fuliginosus (Hodgson, 1835)

크기

HB: 58.0(51.0~65.0), FA: 47.0(44.0~50.0), E: 9.5(8.2~11.7), Tra: 5.5(4.5~6.6), WS: 318(290~330), Ⅲ/Ⅴ: 1.63(1.52~1.67), Tib: 19.6(17.1~21.4), Hfcu: 11.1(10.0~12.2), T: 57.5(54.4~61.4), GLS: 15.7(15.2~16.1), CBL: 15.5(14.5~16.1), ZYW: 8.7(7.9~9.2), B.BC: 7.9(7.5~8.3), D.BC: 8.3(7.7~8.9), IOC: 3.9(3.7~4.1), C-M3: 6.0(5.0~6.2), C-C: 4.5(4.2~4.7), M3-M3: 6.6(6.2~6.8)

형태

털은 어두운 갈색으로 다른 박쥐에 비해서 매우 짧고 부드러우며 촘촘하다(1). 귀와 이주는 짧고 끝이 둥글다(2). 익형률은 평균 1.63이며 협장형이고, 특히 제 3지 중수골이 매우 길다(3). 비막은 하퇴골 아래쪽 또는 발목 바로 위에 붙으며 (4), 꼬리 길이는 평균 57mm로 매우 길어 두동장의 약 99%다(5). 수컷 음경 길이는 약 6.2mm로 긴 편이며 기부에서 끝으로 갈수록 가늘어진다(6).

치식은 I 2/3 + C 1/1 + P 2/3 + M 3/3 = 36이다. 뇌함은 매우 높고 둥글며, 뇌함 높이는 너비의 100%를 넘는다. 두골을 옆에서 보면, 주둥이 부분은 평평하지만 그 뒤부터 급상승해 두정골 정중부까지 이르며, 그 뒤쪽은 점차 하강한다. 특히 전두골이 볼록하게 두드러져 주둥이와 뇌함 부분이 뚜렷하게 구분된다(7). 위턱 앞쪽 앞니(I2)는 교두가 2개 있으며 뒤쪽 앞니(I3) 길이는 앞쪽 앞니의 2차

1 털

2 귀와 이주

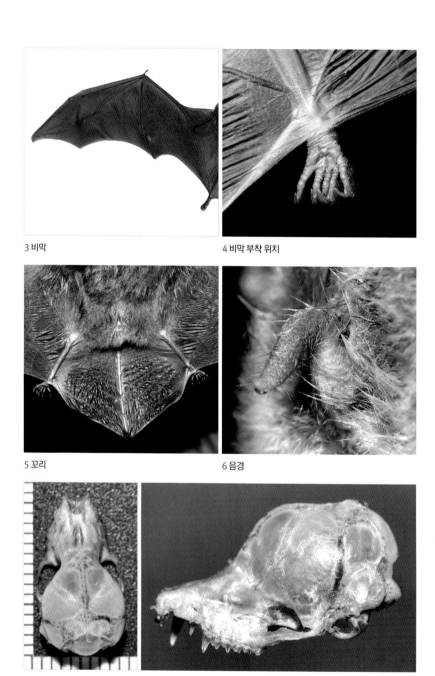

3 비막

4 비막 부착 위치

5 꼬리

6 음경

7 두개골

교두보다 같거나 조금 높다(8). 송곳니는 가늘고 길며, 앞쪽 앞어금니(P2)는 송곳니의 1/3 이하, 뒤쪽 앞어금니(P4)는 절반가량이다(9). 아래턱 앞니는 3엽으로 서로 조금씩 겹치며, 뒤쪽 앞니(i3) 크기는 앞쪽 앞니들보다 뚜렷하게 크다(10). 아래턱 앞어금니는 3쌍으로, 앞쪽 앞어금니(p2)와 중간 앞어금니(p3)는 크기가 거의 같거나 앞쪽 앞어금니가 조금 작으며, 뒤쪽 앞어금니(p4)는 송곳니 길이의 2/3가량이다(11).

생태

연중 동굴 또는 폐광을 서식지로 삼으며 가을부터 이듬해 봄까지 성체 암컷, 수컷과 어린 개체가 수십에서 수천 마리, 지역에 따라서는 수만 마리씩 집단을 이

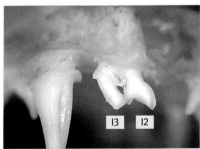

8 위턱 앞니

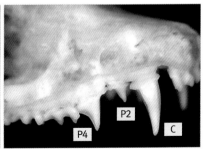

9 위턱 송곳니와 앞어금니

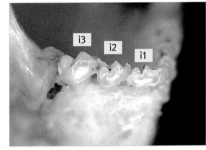

10 아래턱 앞니

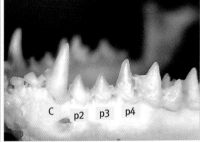

11 아래턱 송곳니와 앞어금니

12 폐광을 이용한다.

13 동굴에서 무리 지어 겨울잠을 잔다.　　14 갓 태어난 새끼

룬다(12). 겨울잠도 마찬가지로 동굴이나 폐광에서 무리 지어 잔다(13). 여름철 출산 군집은 임신한 암컷으로만 구성되며, 6월 말에서 7월 초에 새끼를 1마리 낳는다(14). 대부분 암컷은 태어난 이듬해부터 번식할 수 있다. 우리나라에 사는 박쥐 가운데 유일하게 착상지연(delayed implantation) 전략을 쓰며 가을철에 짝짓기, 배란, 수정하지만 이듬해 3월 중순 이후에 태반이 형성된다. 이주성이 강해서 계절에 따라 은신처를 옮기며, 일본에서는 200km까지 이동한 사례가 있다. 초원, 산림, 수계의 개방된 상공을 날아다니며 파리목, 나비목, 딱정벌레목, 날도래목, 하루살이목, 강도래목 등을 잡아먹는다. 최대 수명은 15년으로 알려졌다.

초음파

초음파 범위는 45~125kHz이며, 펄스는 FM형으로 1~3개 음절로 이루어져 있다(15). 그러나 펄스 끝부분에서는 CF형과 비슷한 형태로 주파수가 완만하게 변하기도 한다. 초음파 최대 강도는 약 52kHz에서 확인된다.

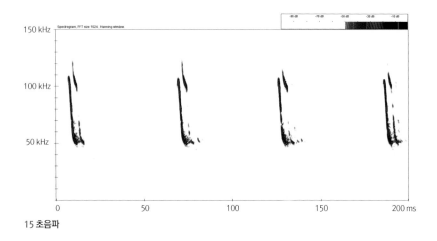

15 초음파

현황 및 분포

유럽, 아시아, 북아메리카에 걸쳐 폭넓게 분포하며, 우리나라에서는 제주도를 포함한 전국에 서식한다. 내륙 특정 서식지에서도 대규모 집단이 확인되지만 주로 제주도와 남부 내륙의 동굴이나 폐광에서 수백에서 수천 마리가 집단을 이룬다.

참고

비막이 길어서 가락지가 길다는 뜻으로 긴가락박쥐라 하며, 긴날개박쥐라고도 한다. 지금까지 유럽, 아시아, 북아메리카에 서식하는 긴가락박쥐는 *Miniopterus schreibersii*로 분류해 왔으나, 최근 mtDNA 분석 결과를 근거로 *M. schreibersii*는 유럽에 서식하는 종이며, 아시아에 서식하는 종은 *M. fuliginosus*로 새롭게 확인되었다. IUCN 적색목록에서는 기존의 *M. schreibersii*를 준위협(NT)으로 분류한다.

큰귀박쥐

East Asian Free-tailed Bat
Tadarida insignis (Blyth, 1862)

크기

HB: 83.0, FA: 60.7, E: 28.7, Tra: 6.6, WS: 420, Ⅲ/Ⅴ: 1.9, Tib: 19.8, Hfcu: 12.3, T: 51.5, GLS: 24.4, CBL: 23.4, ZYW: 13.8, B.BC: 11.7, D.BC: 7.6, IOC: 5.0, C-M3: 9.0, C-C: 5.4, M3-M3: 9.4

형태

털은 매우 촘촘하며 등 쪽 털은 검은색에 가까운 어두운 갈색이고 배 쪽은 등보다 밝은 흑회색이다(1). 머리는 평평하고 콧구멍은 바깥쪽으로 약간 튀어나왔다. 주둥이는 매우 넓으며 끝이 윗입술보다 앞쪽으로 나왔다. 귀는 검은색에 가까우며 매우 두껍고 크며, 끝이 둥글고 앞쪽을 향하며 휘었다. 특히 양쪽 귀 안쪽 기부는 서로 닿아서 앞에서 보면 M자다. 귀 안쪽으로 가로 주름이 10개 내외 있으며, 기부 가장자리에는 황갈색 털이 촘촘하게 나 있다. 이주는 직사각형 또는 사다리꼴로 짧고, 너비가 길이보다 길다(2). 익형률이 1.90으로 제3지가 매우 길고 제5지가 짧은 협장형이며, 비막은 검은색에 가깝고 하퇴골 하단부에 붙었다(3). 하퇴골은 두동장의 24%로 몸에 비해서 매우 짧다. 뒷발은 하퇴골의 62%가량이다. 뒷발 발가락에는 털이 나 있는데 두 번째에서 네 번째 발가락에는 듬성듬성하나 첫 번째와 다섯 번째 발가락 옆면에는 매우 조밀하다(4). 꼬리는 굵고 표면

1 털

2 얼굴과 귀와 이주

3 비막 형태 및 부착 위치   4 뒷발   5 꼬리

이 매우 거칠며, 꼬리 끝이 꼬리막 밖으로 30mm가량 삐져나와 우리나라에 사는 다른 박쥐와 쉽게 구별된다(5).

치식은 I 2/3 + C 1/1 + P 2/2 + M 3/3 = 34다. 두골은 좁고 길며, 뇌함 높이는 너비의 65%가량으로 주둥이부터 후두부에 이르기까지 매우 납작하고 평평하다. 옆에서 보면 두정골 정중부에서 약간 볼록하며 그 뒤부터 오목하게 이어진 뒤 후두부에서 다시 볼록해진다. 위에서 보면 협골궁 아치 형태가 거의 직선에 가까우며, 람다릉이 매우 발달했다(6). 위턱 앞니는 2쌍으로 앞쪽 앞니(I2)와 뒤쪽 앞니(I3) 길이는 같고 기부가 서로 붙어서 삼각형처럼 보인다(7). 앞쪽 앞어금

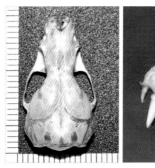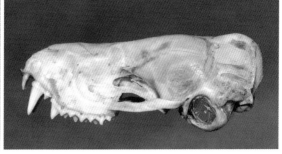

6 두개골

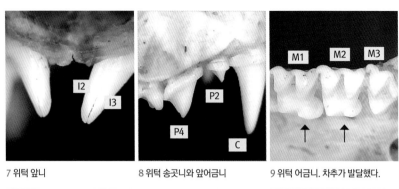

7 위턱 앞니   8 위턱 송곳니와 앞어금니   9 위턱 어금니. 차추가 발달했다.

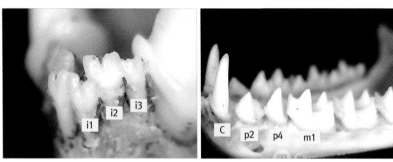

10 아래턱 앞니   11 아래턱 송곳니와 앞어금니와 어금니

니(P2) 길이는 송곳니의 30% 이하이며, 뒤쪽 앞어금니(P4)는 송곳니의 1/2가량 이다(8). 국내 다른 종과 달리 앞쪽(M1)과 중간 어금니(M2) 차추(hypocone)가 매우 크다(9). 아래턱 앞니는 2엽으로 나뉘며, 중간 앞니(i2)가 가장 크고 다음으로 앞쪽 앞니(i1)와 뒤쪽 앞니(i3) 순이다(10). 송곳니는 가늘고 길며 크게 두드러지고, 뒤쪽 앞어금니(p4) 길이의 2배를 조금 넘는다(11).

생태

주로 해안가나 고지대 높은 절벽 및 바위 갈라진 틈을 은신처로 이용하며, 산림이나 수계의 개방된 상공을 매우 빠르게 날며 사냥한다(12). 5~9월에 암컷 성체

12 서식지로 이용하는 절벽 바위틈

와 어린 암수가 수십에서 수백 마리 모여 출산 군집을 이룬다. 7~8월에 새끼를 낳으며, 포육 집단이 형성되는 7~8월에 수컷 성체는 다른 장소로 이동해 생활한다. 그 외 생태는 알려지지 않았다.

초음파

다른 종과 달리 인간의 가청 범위인 20kHz 이하 소리를 발산하며, 주로 10~20kHz 사이 소리를 이용한다. 펄스는 CF형 또는 짧은 FM형과 긴 CF형으로 이루어지며, 지속 시간은 18~20ms로 매우 길다(13). 소리 최대 강도는 약 12kHz에서 확인된다.

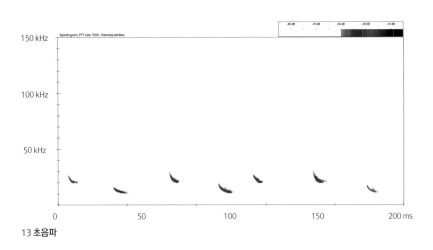

13 초음파

현황 및 분포

러시아(우수리 지역), 중국, 한국, 일본 등 동아시아에 분포하며, 우리나라에서는 제주도를 포함한 해안 지역 및 내륙 산림 고지대에 서식한다.

참고

우리나라에서는 관찰 기록이 매우 드물다. 1928년 최초 기록된 뒤 80년 이상 채집 기록이 없어 국내 서식을 의심해 왔으나, 2004년과 2005년 부산에서 이동하는 무리를 확인했고, 2002년, 2006년, 2007년에는 부산에서 채집해 서식을 확인했다. 우리나라에서는 유럽에 서식하는 *Tadarida teniotis* 아종으로 취급했으나, 그 뒤 일본에 서식하는 큰귀박쥐가 *T. teniotis*와 다른 *T. insignis*로 분류되면서 우리나라에 사는 종 역시 같은 종으로 분류되었다. 그러나 우리나라에서는 형태 및 계통분류 연구에 필요한 표본 수가 매우 부족하므로 앞으로 더욱 많은 개체를 확인하는 추가 연구가 필요하다. 한국 적색목록집에서는 관심대상(LC)으로, IUCN 적색목록에서는 정보부족(DD)으로 분류한다.

03 Research Manual

조사 매뉴얼

박쥐는 곤충 개체 수를 조절하며 건강한 산림 생태계를 유지하는 데 도움이 되는 생물이다. 또한 식물 꽃가루받이를 돕거나 씨앗을 널리 퍼트리는 데도 도움을 준다. 이런 이유로 많은 나라에서 박쥐 연구가 진행되었으며, 우리나라에서도 생태나 서식지 보호에 대한 관심이 커지고 있다. 그러나 박쥐는 밤에 활동하고 날아다니기 때문에 포획하거나 은신처를 찾아내는 일이 매우 어렵다. 서식현황을 파악하거나 생태를 연구하기가 어렵다 보니 박쥐에 관한 정보도 많지 않다. 또한 오랜 시간에 걸쳐 여러 연구자가 박쥐를 연구해 왔으나 저마다 방법과 조사 숙련도가 달라 혼란을 일으키는 결과도 많았다.

과거에 비해 박쥐에 관한 관심이 커진 만큼 박쥐를 정확히 분류하고 생태와 서식지 자료를 구축하는 일이 더욱 중요해졌다. 그러려면 체계를 갖춘 조사 매뉴얼이 필요하다. 여기에서는 연구자들이 우리나라 실정에 맞게 박쥐를 조사할 수 있도록 국내외에서 그간 실시했던 조사 방법을 정리해 소개한다.

동정 및 형태 측정

박쥐를 포획하고 가장 먼저 하는 일은 동정과 기본 형태 측정이다. 관박쥐, 붉은
박쥐, 토끼박쥐처럼 생김새가 독특한 종은 쉽게 구별할 수 있으나 큰수염박쥐속
처럼 생김새가 비슷한 종은 형태 측정이 필요하다.

예를 들어 대륙쇠큰수염박쥐와 비슷한 쇠큰수염박쥐는 대개 전완장이 33.0mm를
넘지 않는다. 큰발윗수염박쥐는 뒷발 길이가 평균 10.0mm 이상이며, 흰배윗수염
박쥐는 전완장이 평균 40.0mm로 몸에 비해서 길며 이주 또한 귀 길이에 비해 매
우 길다. 긴꼬리윗수염박쥐는 하퇴골 길이가 평균 19.0mm 이상으로 매우 길다.

현장에서 측정하는 기본 항목은 무게, 두동장, 전완장과 귀, 이주, 하퇴골, 뒷발
길이다. 0.1g 단위 이상인 전자저울과 0.1mm 단위 이상인 버니어캘리퍼스(측정
자)를 주로 사용한다.

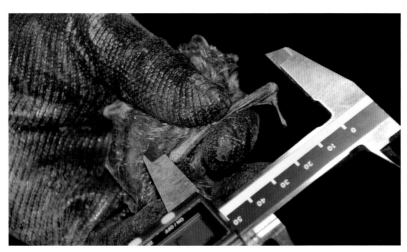

박쥐 전완장 측정

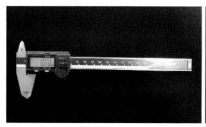

박쥐 측정에 많이 쓰는 측정자와 전자저울

성별 및 연령 확인

박쥐 성별을 구별하는 것은 어렵지 않다. 수컷은 음경이 있고, 눈으로 뚜렷하게 이를 확인할 수 있다. 암컷은 음경이 없는 대신 젖꼭지가 있으며, 대개 1쌍이다. 번식기에는 암컷 복부 상태와 젖꼭지 발달 정도로 임신과 출산 여부를 알 수 있다. 박쥐는 태어나 한 달이 지나면 대부분 날 수 있으며, 성체와 어린 개체는 생김새도 거의 다르지 않다. 따라서 이 둘을 구별하려면 출산 여부, 치아 마모 정도, 뼈 길이 등을 살펴야 한다. 그러나 현장에서 바로 이런 차이점을 확인하는 것은 쉽

수컷 음경(긴가락박쥐)   암컷 젖꼭지(문둥이박쥐)

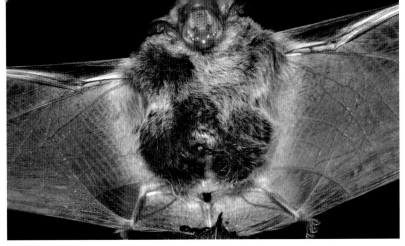

임신한 집박쥐 암컷

지 않다. 연령을 측정할 때 가장 많이 사용하는 방법은 비막 안쪽 지골의 골화 정도를 살피는 것이다. 관찰, 연구 경험이 많다면 중수골과 제1지골 사이 골화 정도를 보고 현장에서 바로 1년생과 2년생 이상 개체를 구별할 수 있다.

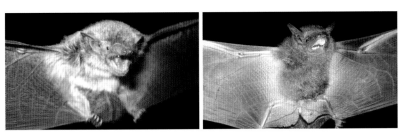

집박쥐 성체(왼쪽)와 태어난 지 한 달이 지난 새끼

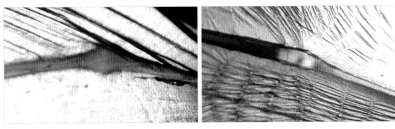

문둥이박쥐 성체(왼쪽)와 어린 개체의 지골 골화 차이

서식지 조사: 동굴 및 폐광

우리나라에 사는 박쥐 절반 이상(관박쥐, 검은집박쥐, 토끼박쥐, 관코박쥐, 긴가락박쥐를 비롯해 큰수염박쥐속 대부분)이 겨울잠 시기 또는 일 년 내내 동굴이나 폐광을 이용한다. 따라서 동굴과 폐광 조사는 서식 확인 및 생태 조사에서 가장 많은 부분을 차지한다. 그러나 우리나라에는 동굴이 1,000개가 넘으며, 일부 관광 동굴을 제외하면 대부분 위치가 잘 알려지지 않았고, 내부 구조가 복잡하고 위험해서 조사하기가 매우 어렵다. 폐광 또한 수십 년 이상 방치된 곳이 많고 동굴과 마찬가지로 구조가 복잡해 붕괴, 중금속 오염, 안전사고 위험성이 매우 높다. 따

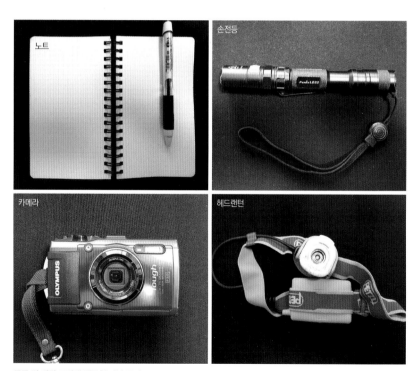

동굴 및 폐광 조사에 필요한 기본 준비물

동물 및 폐광 조사 안전복장

라서 동굴 및 폐광을 조사하려면 오랜 경험이 필요하며, 반드시 전문가와 동행하거나 안전 교육을 받아야 한다.

안전장비도 반드시 갖춰야 한다. 헤드랜턴, 손전등, 장갑, 안전복, 안전모, 안전화 등이 필요하며, 동굴 구조와 조사 목적에 따라서 로프 같은 전문 장비도 필요하다. 이와 더불어 조사할 때 필요한 카메라와 여분 배터리, 노트 등도 챙긴다. 동굴 내부는 온도와 습도가 일정하며, 매우 작은 외부 요인에도 생물 또는 내부 환경이 영향을 받으므로 교란을 최소화하도록 주의해야 한다.

우리나라 동굴은 크게 석회동굴과 용암동굴, 파식굴과 절리굴로 나눈다. 동굴 종류에 따라 이용하는 위치나 시기가 다르다. 이를테면 석회동굴에서는 천장이나 벽에 움푹 파인 구멍, 종유석 사이, 베이컨 종유(동굴 천장이나 벽에 베이컨처럼 길고 얇게 생김)나 커튼 종유(동굴 벽면에 커튼처럼 늘어짐) 틈, 암석 틈을 주요 은신처로 삼는다. 폐광에서는 발파로 생긴 구멍, 고정 지지대를 설치하느라 뚫은 구멍, 통나무나 폐자재 등을 주로 이용한다. 관박쥐나 붉은박쥐는 천장이나 벽면에 두 발로 매달려서 겨울잠을 잔다. 일부 종은 주로 천장 움푹한 곳에 수십에서 수백 마리가 무리 지어서 지낸다. 작은 암석 틈이나 동공을 은신처 또는 겨울잠 장소로 이용하는 종도 있다. 그러므로 동굴이나 폐광을 조사할 때는 천장과 벽면뿐만 아니라 암석 갈라진 틈, 동공, 각 지굴도 살펴야 한다. 또한 같은 동굴이더라도 번식 상태나 계절에 따라 이용 패턴이나 비율이 달라지기 때문에 시기를 나눠 지속적으로 조사해야 한다.

로프를 이용한 수직굴 조사

석회동굴(위)과 용암동굴

폐광 입구 및 내부

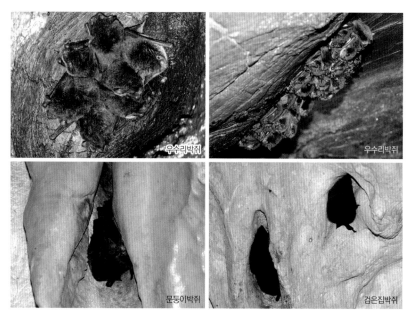

석회동굴에서 겨울잠을 자는 박쥐

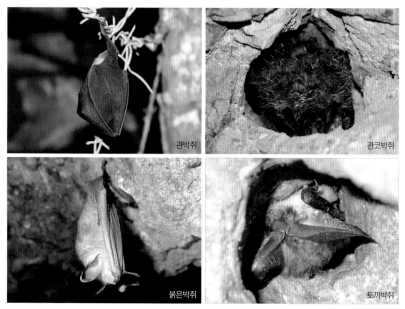

폐광에서 겨울잠을 자는 박쥐

긴가락박쥐 겨울잠 군집 아래에 쌓인 배설물(구아노)

서식지 조사: 산림

우리나라에 사는 박쥐 상당수가 산림에서 주간 은신처를 찾거나 야간에 사냥한
다. 동굴성 박쥐도 마찬가지다. 낮에 하는 산림 조사에서는 주로 박쥐 은신처를
확인한다. 박쥐는 수피 틈, 속이 빈 고목, 쓰러진 나무나 딱다구리 등이 쓴 나무
구멍을 이용한다. 나무 높은 곳이나 작은 구멍을 은신처로 삼았다면 사다리나
내시경을 이용해야 한다. 그러나 어떤 종이 어떤 은신처를 이용하는지 정보가
부족하기 때문에 산림에서 박쥐 은신처를 찾아내기는 매우 어렵다. 그래서 주로
밤에 포획해 종을 확인하며, 이때 사용하는 장비가 박쥐그물이다. 박쥐그물은
여러 단으로 이루어지며 짧은 것부터 아주 긴 것까지 길이가 다양하다. 조사 종
의 크기나 생태 특징을 고려해 그물을 고르고, 이동 길목이나 채식 활동 장소로
적합해 보이는 곳을 미리 파악해 설치한다.

산림 내 야간 채식 장소

대륙쇠큰수염박쥐

산림 내 주간 은신처

서식지 조사: 인공 구조물

다리(교량)

박쥐는 소화와 배설이 매우 빠르다. 먹이를 먹어 몸이 무거워지면 날 때 에너지를 많이 써야 하기 때문이다. 그래서 해가 진 뒤 한 차례 채식 활동을 마치면 소화, 배설할 안전한 은신처를 찾는다. 이때 산림성 박쥐를 포함한 여러 종이 다리를 이용한다. 콘크리트 다리는 낮에 태양 복사열을 흡수하고 느리게 식기 때문에 밤에 다른 구조물보다 따뜻하다. 특히 다리 하부 챔버(chamber)는 온습도가 적절할 뿐만 아니라 포식자 눈을 피할 수 있어서 안전하다. 여러 종은 챔버나 경간 틈에서 봄부터 가을까지 서식하며, 젖먹이기나 짝짓기 장소로도 이용하고, 일부 종은 겨울잠 장소로 삼는다. 주로 관박쥐, 대륙쇠큰수염박쥐, 우수리박쥐, 큰발윗수염박쥐, 집박쥐, 검은집박쥐, 문둥이박쥐 등이 다리에서 보인다.

다리에서 박쥐를 조사하려면 먼저 다리 재질과 구조를 파악해야 한다. 우리나라에 있는 다리는 대개 콘크리트 거더교(concrete girder), 콘크리트 아이빔교(concrete I-beam), 스틸박스 거더교(steel-box girder), 콘크리트 슬래브교(concrete slab), 라멘교(rahmen), 플레이트 거더교(plate girder) 등이다. 이 가운데 박쥐가 주로 이용하는 다리는 하부에 챔버가 있는 콘크리트 거더교와 콘크리트 아이빔교다. 교외 지역 짧은 다리에 많이 쓰이는 콘크리트 슬래브교는 하부가 드러나고 안정적인 공간이 없기 때문에 이용하지 않으며, 최근 많이 건설되는 스틸박스 거더교도 쇠로 만든 탓에 박쥐가 매달리기 어렵고 복사열이 빨리 식어 거의 이용하지 않는다.

다리를 조사할 때에는 가장 높은 중앙부보다 가장자리 안쪽 경간(안경간)을 먼저 살핀다. 안쪽 경간은 상판과 지지대 사이 높이가 낮기 때문에 중앙부보다 챔버의 온습도가 높아 불필요한 열량 소모를 줄일 수 있어 새끼를 키우거나 소화가 필요한 박쥐가 좋아한다.

박쥐가 휴식 장소로 이용하는 다리

다리 하부 챔버

콘크리트 아이빔교

콘크리트 거더교

다리 아래에서 어미를 기다리는 새끼(문둥이박쥐)

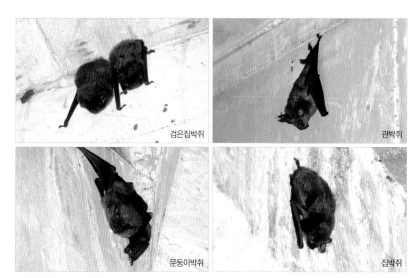

검은집박쥐

관박쥐

문둥이박쥐

집박쥐

다리 아래에서 쉬는 박쥐

박쥐가 이용하지 않는 콘크리트 슬래브교와 하부 구조

박쥐가 이용하지 않는 스틸박스 거더교와 하부 구조

건물

벽돌 주택, 목조 주택, 기와지붕, 창고, 폐건물 등은 집박쥐, 검은집박쥐, 문둥이박쥐, 안주애기박쥐처럼 사람 거주지와 밀접한 환경에 서식하는 종이 출산과 수유 장소로 삼는다. 일부 종은 겨울잠 장소로도 이용한다. 사람이 살더라도 별로 간섭받지 않는 지붕과 벽면 사이, 지붕 덮개 또는 기와 사이, 벽돌 블록의 내부 공간을 주로 이용한다. 박쥐가 어떤 건물을 이용하는지는 배설 흔적과 박쥐가 드나들며 닳은 출입구를 보고 확인할 수 있다.

박쥐가 이용하는 건물

박쥐가 출산과 수유 장소로 이용하는 구조물

박쥐 배설 흔적

기타

박쥐는 폐터널, 상가 간판, 도로 표지판, 돌담, 논둑, 수로 암거 등도 이용한다. 예전과 달리 견고하고 틈이 없는 지붕 구조가 많아지자 비바람을 막아 주는 건물 벽과 간판 사이 틈을 이용하는 일이 늘고 있다. 이런 곳은 주로 집박쥐, 검은집박쥐, 문둥이박쥐가 찾는다. 건물이나 벽면과 안내판 사이 틈도 집박쥐나 검은집박쥐가 은신처로 많이 이용한다. 수로 암거는 주로 동굴이나 폐광에 서식하는 관박쥐, 큰발윗수염박쥐, 흰배윗수염박쥐가 낮에는 은신처로, 밤에는 휴식 장소로 이용한다. 그 외에도 돌담으로 된 논둑과 밭둑도 낮에 은신처로 쓴다.

문둥이박쥐

벽과 조형물 또는 간판 사이 틈

벽과 안내판 사이 틈을 이용하는 검은집박쥐

수로 암거

논둑, 돌담, 폐터널도 은신처로 삼는다.

포획

박쥐를 정확히 동정하고, 형태 분석, 연령 측정, 밴딩(가락지) 부착, 발신기 부착, 유전자 분석 같은 연구를 하려면 박쥐를 포획해야 한다. 박쥐는 밤에 활동하며 날기 때문에 종 특성에 맞는 포획 도구를 써야 한다. 주로 핸드넷(hand net), 박쥐 그물(bat mist-net), 하프트랩(harp trap)을 사용한다.

핸드넷(hand net)

길이가 다양한 폴(pole)에 원형 또는 사각형 프레임과 부드러운 포충망을 연결한다. 주로 다리, 가옥, 인공 구조물에 사는 박쥐를 포획할 때 이용한다.

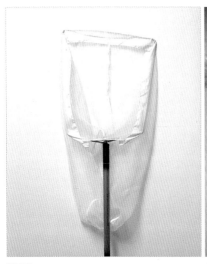

핸드넷   핸드넷을 이용한 박쥐 포획

박쥐그물(bat mist-net)

밤에 날아다니는 박쥐를 포획할 때 적합하다.
폴 한두 개에 부드러운 그물을 고정한다.
그물 길이는 짧게는 1.5미터에서 길게
는 수십 미터까지 다양하며 가로 층
(shelves) 여러 개가 포켓 모양으로
겹친다. 미리 박쥐 이동 경로를 파
악해 적절한 위치에 설치하는 것이
가장 중요하다. 주로 산림에서 날
아다니는 박쥐 포획용으로 쓰지만

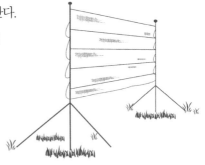

박쥐그물 기본 형태

동굴이나 폐광 입구에 설치해 드나드는 박쥐를 포획할 때에도 쓴다. 포획하고자
하는 종의 크기와 생태에 따라서 그물망(mesh) 크기와 설치 위치를 결정한다.

산림에 설치한 박쥐그물

박쥐 이동 통로에 그물 설치

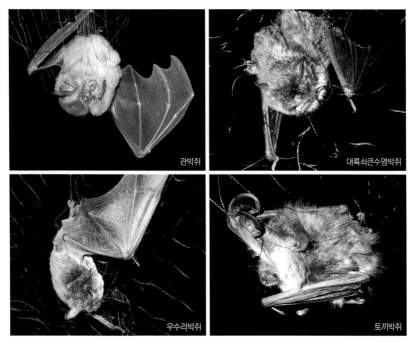

관박쥐

대륙쇠큰수염박쥐

우수리박쥐

토끼박쥐

그물에 걸린 박쥐

하프트랩(harp trap)

사각 프레임에 나일론처럼 매우 가는 줄을 세로로 두 겹 고정하고, 여기에 걸려 떨어지는 박쥐를 담는 넓은 주머니를 프레임 아래에 설치한다. 산림용과 동굴용 두 가지로 구분해 쓰며, 대개 산림용은 높고 동굴용은 낮고 좁다. 박쥐그물과 마찬가지로 날아다니거나 동굴에서 나오는 개체를 포획할 때 사용한다. 산림을 날아다니는 박쥐를 잡을 때는 예상 이동 통로를 파악해 설치하고, 동굴에서 나오는 박쥐를 잡을 때는 일몰 전 동굴 내부나 입구에 설치한다. 박쥐 밀도가 높은 곳에서나 이동 경로를 뚜렷하게 파악했을 때는 박쥐그물보다 효과가 크지만 크고 무거운 것이 단점이다.

동굴 입구에 하프트랩을 설치하는 모습

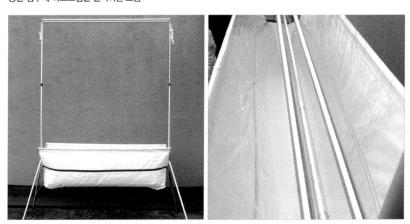

하프트랩 기본 형태 및 구조

산림에서 박쥐 이동 통로에 설치한 하프트랩   동굴 안쪽에 설치한 하프트랩

하프트랩에 걸린 긴가락박쥐

초음파 탐지법

초음파 탐지법은 사람 귀로 들을 수 없는 박쥐 소리를 인간 가청 범위로 변환해 실시간으로 들을 수 있도록 하는 방법으로 포획 조사와 함께 가장 많이 활용된 다. 이 방법으로는 조사자가 확인하려는 지역 내 박쥐 서식 유무와 활동 시작 시 간 등은 알 수 있지만, 오랜 경험이 없다면 서식하는 종 수를 파악하거나 특정 종을 동정하는 것은 매우 어렵다.

초음파 탐지기(bat detector)

박쥐가 발산하는 초음파를 사람이 들을 수 있는 범위로 변환해 주며, 실시간 녹음, 재생 기능도 있다. 초음파 탐지기로는 헤테로다인 시스템(heterodyne system), 주파수 분할 시스템(frequency division system), 시간 확장 시스템(time expansion system)을 운용할 수 있다. 가장 많이 이용하는 것은 헤테로다인 시스템으로, 감지한 초음파를 전기 신호로 변환해 들을 수 있다. 조사자가 목표 종의 주파수를 설정해 놓으면 해당 주파수가 감지되었을 때 실시간으로 초음파 탐지기 스피커를 통해 소리를 들을 수 있다. 주파수 분할 시스템과 시간 확장 시스템은 초음파 탐지기를 통해서 들어오는 모든 신호를 메모리카드에 녹음했다가 저속으로 재생하거나 컴퓨터로 분석할 때 쓴다.

다양한 초음파 탐지기

초음파 탐지기를 이용한 조사

초음파 녹음 및 분석

초음파 탐지기와 디지털 녹음기 또는 노트북을 연결해 실시간으로 녹음하거나 탐지기에 내장된 메모리카드에 녹음한 뒤 컴퓨터로 옮겨서 분석한다. 최근에는 메모리카드가 내장된 초음파 탐지기로 실시간 스펙트로그램 분석과 자동 녹음이 가능하다. 초음파를 분석하려면 주파수 분할 시스템 또는 시간 확장 시스템으로 녹음한 데이터가 필요하다. 대개 저속으로 재생하며 초음파 스펙트로그램 형태, 지속 시간, 초음파 범위 등을 분석할 수 있는 시간 확장 시스템 데이터를 많이 이용한다. 녹음한 초음파 데이터는 MP3, WAV 파일 등으로 변환되며, 관련 컴퓨터 프로그램을 이용해 분석한다. 초음파 분석에는 오실로그램 (oscillogram), 스펙트로그램(spectrogram), 파워스펙트럼(power spectrum) 등을 이용하며, 펄스 형태, 주파수 대역폭(band width), 펄스 간격(pulse interval), 펄스 지속 시간(pulse duration), 펄스 내 에너지의 최대 강도 주파수(peak frequency)를 살핀다.

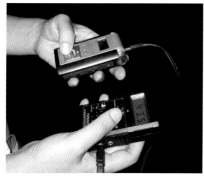

초음파 녹음

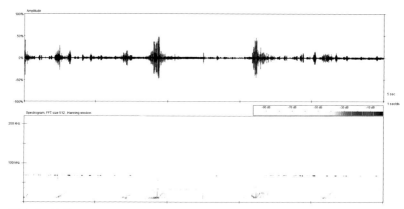

초음파 컴퓨터 분석

밴딩 표지법

밴딩(banding, 가락지 부착) 표지법은 개체 구별, 수명, 장거리 이주, 연령 증가에 따른 크기 변화, 서식지 이용 연구 등 매우 다양한 목적으로 오래전부터 써 온 방법이다. 박쥐 연구에 쓰는 가락지(밴드)는 다리를 완전히 감싸는 모양인 조류 가락지와 달리 한쪽이 열려 있어 비막에 상처를 입히지 않으면서 요골 부위에 부착할 수 있다. 가락지 지름은 박쥐 크기에 따라서 다양하며, 알루미늄으로 만들어 매우 가볍다. 밴딩 표지법은 다시 포획해야 하는 단점이 있지만 비용이 저렴하고 배터리를 쓰지 않으므로 장기간 모니터링할 수 있다. 예를 들면 유럽에서 북방애기박쥐 장거리 이주를 파악하고자 부착한 가락지가 1,440km 떨어진 곳에서 재확인되었다. 저자도 우리나라에 서식하는 몇 종에 가락지를 부착하고 연구한 결과, 최대 수명이 5년이라고 알려졌던 집박쥐와 수명이 알려지지 않았던 대륙쇠큰수염박쥐가 10년 이상 생존하는 것, 문둥이박쥐가 귀소성이 매우 높으며 하루에 50km 이상을 이동할 수 있다는 것을 확인했다.

박쥐 연구에 이용하는 가락지와 집게

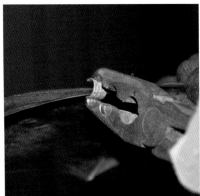 

가락지 부착

가락지를 부착한 박쥐

원격 추적법

박쥐는 밤에 활동하고 낮에는 숨어 지내기 때문에 서식지, 행동권, 야간 채식 장소 등을 파악하려면 원격 추적법을 이용해야 한다. 박쥐 몸에 작은 발신기 (transmitter)를 부착하고 연구자가 실시간으로 박쥐 움직임을 추적하는 원격 무선 추적 방법(radio tracking, radio telemetry)과 GPS 신호를 이용해 원하는 시간에 정확하게 박쥐 위치 정보를 수집하는 GPS tag 방법이 있다.

원격 무선 추적

지난 수십 년간 박쥐를 포함한 야생동물 연구에서 가장 많이 쓰였다. 박쥐 연구에서는 이동 경로, 행동권, 주간 은신처, 겨울잠 장소, 채식지 분석 등에 이용한다. 발신기, 안테나, 수신기가 필요하며, 발신기는 의료용 접착제로 몸에 직접 붙이거나 목걸이나 벨트처럼 만들어 붙인다. 발신기 무게는 몇 그램짜리에서부터 수십 그램까지 다양하며, 박쥐 무선 추적에 쓰는 것은 주로 1g 이하다. 발신기가 펄스 시그널을 발산하고 안테나 수신을 거쳐 가청음으로 변환되어 연구자가 듣게 된다.

보통 발신기 추적 범위는 1~2km로 연구자가 안테나와 수신기를 가지고 실시간으로 추적하지만, 박쥐는 야행성이며 날아다니기 때문에 이동 경로와 서식지 여건 등을 사전에 충분히 알아야 한다. 또한 수신음은 지형, 박쥐와의 거리, 안테나 길이 등에 따라서 달라지므로 오랜 기간에 걸쳐 미리 연습해 둬야 한다. 대개 박쥐에 부착하는 발신기에는 무거운 배터리를 쓸 수 없다. 발신기 수명은 배터리 무게에 따라서 다르지만 보통 1~4주다.

이 방법은 비용이 적게 드는 편이어서 행동권이 좁은 종에 대량으로 사용 가능하며 0.5g 이하 초소형 발신기를 부착할 수 있다는 것이 장점이만, 서식지 환경에 따라서 수신 범위 제약이 많고 장거리를 이동하는 종은 추적하기 어렵다.

발신기　　　수신기　　　안테나

원격 무선 추적에 이용되는 장비

발신기 부착

안테나와 수신기를 이용한 박쥐 원격 무선 추적

원격 무선 추적으로 위치를 확인

원격 무선 추적으로 나무에서 위치를 확인

GPS tag

GPS 기술과 메모리에 위치 자료를 저장하는 기술을 이용하는 방법이다. 메모리에 저장된 위치 정보를 원격으로 수신하거나 장치를 회수해 축적된 자료를 다운로드한다. 정확한 위치 자료를 확보할 수 있고, 위치 정보 수집 기간과 수신 시간을 연구자가 임의로 설정할 수 있으며, 재충전해서 사용할 수 있다. 최신 장비는 비행 높이까지 기록할 수 있으며, 최근 많이 이용하는 GPS tag는 무게 1~2g짜리로 우리나라에 서식하는 중형 이상 박쥐에 쓰기 적당하다. 한편, 발신기가 비싸고 위성에 의존해야 하며 대상 종 크기 제약이 있다. 작은 GPS tag는 배터리 한계로 많은 정보를 수신하고자 할 때 사용 기간이 짧아지며, 축적된 데이터를 확인하고 재충전하려면 발신기가 붙은 개체를 다시 포획해야 하는 어려움도 있다.

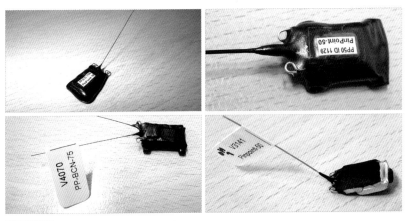

다양한 GPS tag

GPS tag를 이용한 박쥐 이동 경로 분석

GPS tag 부착

초음파 유인법

박쥐끼리 소통하는 여러 초음파를 틀어 유인하는 방법이다. 사전에 다양한 형태 초음파 파일(MP3, WAV)을 확보해야 하며, 초음파 수신용 마이크, 녹음기, 메모 리카드, 초음파 스피커(ultrasound speaker) 같은 장치가 필요하다. 최근에는 재생 장치와 초음파 스피커가 내장된 일체형 장비도 개발되었다. 점차 이 방법을 사 용하는 연구자가 늘고 있으나 아직까지는 효율성이 명확하게 입증되지 않았기 때문에 박쥐그물이나 하프트랩을 이용한 포획에서 보조 방법으로 이용한다.

일체형 유인 장치

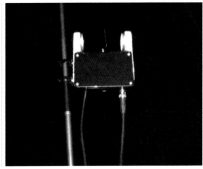
재생 장치와 스피커가 별도로 부착된 유인 장치

유인 장치를 활용한 박쥐 포획

기타 장비 활용

박쥐 포획뿐만 아니라 서식 유무를 확인할 때 내시경 카메라, 열화상 카메라, 무인 센서 카메라 등을 함께 사용한다. 박쥐는 낮에 좁은 곳에서 숨어 지내므로 내시경 카메라가 유용하다. 또한 일정 범위 내 온도 차이를 파악해 대상의 형상을 표현해 주는 열화상 카메라는 박쥐의 정확한 위치와 군집 크기를 파악하는 데 유용하며, 산림 지역에서는 이동하거나 은신처에 숨은 개체를 확인할 수 있다. 무인 센서 카메라는 촬영하려는 지점에 카메라를 설치한 뒤 움직임이 감지되면

자동으로 촬영되는 시스템으로, 박쥐 출입구에 설치해 서식 종, 드나드는 시간, 군집 크기 등을 파악하는 데 알맞다. 동굴 안쪽에 설치하면 시간에 따른 움직임과 겨울잠에 들거나 깨는 시기 등을 파악하는 데도 활용할 수 있다.

내시경 카메라를 활용한 조사

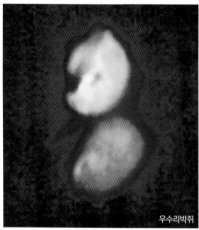
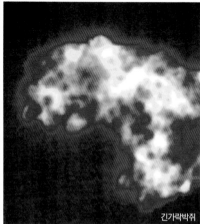

열화상 카메라로 촬영

검은집박쥐

무인 센서 카메라 설치와 촬영

먹이 분석

우리나라에 사는 박쥐는 모두 밤에 곤충을 잡아먹는다. 박쥐가 사냥하는 곤충 종류는 몸 크기와 서식지, 계절에 따라 달라지므로 먹은 곤충을 분석하면 박쥐 생태 정보를 수집할 수 있다. 이를 바탕으로 박쥐 포획 전략을 짜거나 서식지 관리, 군집 변화 및 기후 변화 영향 등을 예측할 수 있다.

먹이 분석에 쓸 배설물 수거

먹이를 분석하려면 위 내용물을 확인하거나 주간 은신처 주변에서 먹은 흔적을 살필 수도 있지만, 배설물에서 박쥐가 먹은 곤충을 살피는 방법이 가장 효율적이다. 딱정벌레목처럼 몸이 딱딱한 외골격(키틴질로 구성)에 덮인 곤충은 완전히 소화되지 않아 박쥐 배설물을 살펴보면 비늘, 더듬이, 구기, 딱지날개 등이 남아 있기 때문이다. 배설물 분석으로는 전체 먹이 가운데 특정 먹이 비율은 정확히 알기 어렵지만 일반적인 먹이 구성과 종류를 파악할 수 있다. 또한 박쥐를 죽이지 않아도 되며, 먹은 흔적을 남기지 않는 종의 먹이를 판단할 때 오류를 줄일 수 있다. 배설물에서 먹이를 분석할 때는 포획한 개체에서 바로 신선한 배설물 덩어리(faecal pellet)를 채취해 핀셋과 고배율 현미경으로 살핀다. 이 방법으로는 대개 목(Order)이나 과(Family) 수준까지 동정할 수 있으며, 주요 먹이 종류에 따라서 채식지 유형이나 야간 사냥법까지 유추할 수 있다.

한편 나비목처럼 몸통이 부드러운 종은 완전히 소화되기 때문에 배설물에서 동정 가능한 잔해를 확인하기 어렵다. 그래서 최근에는 이런 문제를 보완하고자 배설물에 남은 먹이의 유전자를 검출해 확인하는 차세대 염기서열 분석(next generation sequencing, NGS) 방법을 이용하기도 한다.

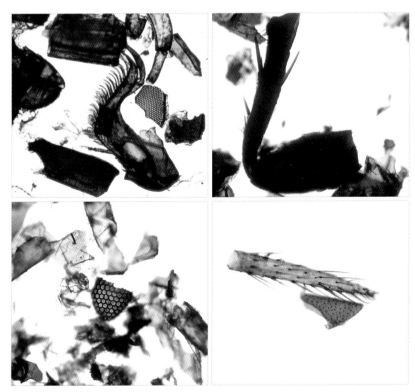

배설물에서 찾은 먹이 현미경 사진

고배율 현미경으로 배설물 분석

04 Protection and Management

보호와 관리

크기와 서식지에 따라서 차이가 나지만 대체로 박쥐 한 마리가 하룻밤에 먹는 곤충은 수백에서 수천 마리에 이르며, 이 가운데 상당수는 사람들이 해충으로 분류한 종이다. 이처럼 박쥐는 해충을 비롯한 곤충 개체 수를 조절하는 데 중요한 역할을 한다.

최근 미국과 영국을 비롯한 유럽 여러 나라에서는 국가가 나서 박쥐를 보호, 관리하고 민간 차원에서도 많은 노력을 기울이고 있다. 박쥐 보호 단체를 설립하고, 많은 전문가가 참여해 박쥐의 중요성과 조사 방법을 교육하는 프로그램도 많이 운영한다. 반면 우리나라는 일부 생태 조사 사업 가운데 하나로 박쥐를 연구하는 정도밖에 되지 않는다. 전문가가 적어 조사 및 동정이 어렵고, 박쥐 교육 및 보호 활동도 활발하지 못하다. 그러는 사이에 박쥐 서식지가 파괴되고 있으며, 수많은 박쥐가 멸종 또는 멸종 위기에 몰리고 있다.

박쥐 보호와 관리 활동은 전문성 범위나 지역에 국한되지 않는다. 보호 지역 설정, 조사 연구를 위한 정책 결정, 서식지 관리를 위한 설계와 시공, 생태 조사를 위한 모니터링, 보호 필요성을 알리는 교육 활동까지 참여할 수 있는 분야도, 방법도 다양하기 때문이다. 박쥐 감소와 멸종을 예방하고 박쥐와 사람이 공존할 수 있는 길을 찾는 이들이 많아지기를 기대한다.

서식지 관리

동굴과 폐광은 동굴성 박쥐 서식지이지만 점점 박쥐가 살기 어려운 환경으로 변하고 있다. 일부 동굴은 관광지가 되었으며, 폐광은 방치된 각종 폐자재 때문에 오염되었거나 안전사고를 예방하고 중금속 오염을 방지하려고 입구를 막은 곳이 많다. 박쥐가 살기 적합한 동굴은 가능한 관광지로 개발하지 않거나 박쥐가 집중 서식하는 위치에서는 우회로를 만들어 보호할 수 있다. 전국에 산재한 폐광은 멸종위기종인 붉은박쥐와 토끼박쥐 같은 동굴성 박쥐 대부분이 겨울잠

폐자재를 방치한 폐광

장소로 이용하므로 무조건 폐쇄하기보다는 앞서 박쥐 서식 여부를 확인하는 것이 필요하다. 만일 박쥐가 산다면 사람만 드나들지 못할 정도인 창살문을 설치

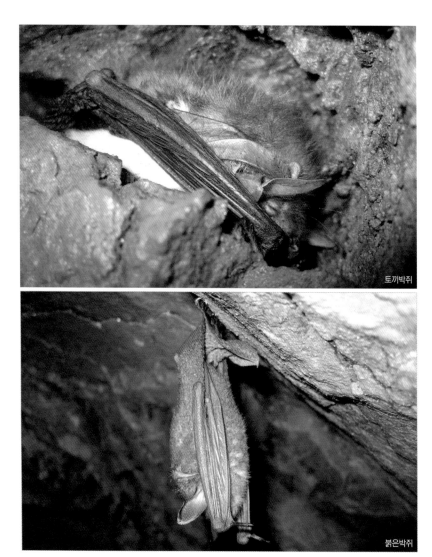

토끼박쥐

붉은박쥐

폐광 안에서 겨울잠을 자는 멸종위기 박쥐

하면 된다. 지형이나 구조 문제로 입구에 창살문을 설치할 수 없다면 입구 주변에 안전 및 통제 펜스를 설치하는 방법도 있다. 이처럼 동굴 서식지를 관리할 때는 원래 동굴 구조를 최대한 유지하는 것이 중요하다. 작은 변화에도 동굴 내부 고유의 온습도 환경이 바뀌어 박쥐 서식에 직접 영향을 줄 수 있기 때문이다.

산림은 산림성 박쥐 서식처인 데다 여러 종류 박쥐가 찾는 사냥터, 은신처이기도 하다. 그러므로 박쥐를 보호하려면 산림을 건강하게 유지, 관리하는 것이 중요하다. 특히 박쥐는 속이 빈 고사목이나 큰 나무 구멍, 수피 틈 같은 공간을 은신처로 즐겨 삼는데, 미관이나 안전을 이유로 고사목이나 쓰러진 나무를 치우는 일이 많다. 벌목, 간벌, 고사목 정리 작업을 할 때 미관이나 안전 문제뿐만 아니라 박쥐 생태도 함께 고려해야 한다.

박쥐 서식에 영향을 줄 수 있는 폐광 입구 폐쇄 형태

박쥐 출입과 내부 환경 안정성을 고려한 입구 형태

보호 지역 설정

박쥐는 종에 따라서 특정한 은신처나 겨울잠 장소를 이용한다. 박쥐가 좋아할 법한 깊고 오래된 동굴이나 폐광이더라도 전혀 살지 않는가 하면, 사람이 보기에 매우 열악한 환경인데 살기도 한다. 아마도 박쥐 서식지는 입구 크기, 내부 온습도, 구조물 재질, 일조량, 안전도 등 사람이 판단하기 어려운 조건에 영향을 받는 듯하다. 그러므로 멸종위기종을 비롯한 여러 박쥐가 서식지로 삼는 곳은 보호 지역으로 지정하거나 우회로를 만들어 주변 환경이 바뀌지 않도록 배려해야 한다. 보호 지역을 지정할 때는 겨울잠 장소인지, 출산 및 육아 장소인지, 채식지인지 등을 파악해 행동권에 따른 범위를 고려해야 한다.

멸종위기종 붉은박쥐 보호 지역 안내문

박쥐집(bat house, bat box) 설치

박쥐 서식을 유도하거나 대체 서식지(은신처)를 제공하는 적극적인 보호 방법이다. 박쥐집은 주로 목재나 콘크리트로 만든다. 이때 최대한 자연 은신처와 비슷하도록 안쪽에 틈을 여러 개 내고, 박쥐가 쉽게 매달리거나 기어 다닐 수 있도록 재료의 거친 재질을 최대한 유지한다. 최근에는 목재와 콘크리트를 혼합한 우드크리트(woodcrete)로 만든 박쥐집도 많이 이용된다.

설치하는 곳은 대상 종에 따라 달리한다. 집박쥐 같은 가주성 박쥐나 주택가 주변 인공 구조물을 주로 이용하는 종의 집을 달 때는 지붕 아래, 처마 밑, 간판 주변, 다리 구조물 틈 같은 곳이 좋다. 산림성 박쥐라면 절벽이나 나무에 달아야 한다. 이때 한 나무에 집을 여러 개 달아서 박쥐가 가장 안정을 느끼는 집을 선택할 수 있도록 하면 더욱 좋다. 아울러 박쥐집은 낮에 태양열을 충분히 흡수할 수 있는 곳에 설치한다. 낮에 태양열을 많이 받을 수 있도록 박쥐집을 검은색으로 칠하는 것도 한 방법이다.

미국 및 영국을 비롯한 유럽 여러 나라에서는 다양한 박쥐집 제작 방법과 설치 사례, 서식 유도 방법이 제시되고, 박쥐 연구에 박쥐집을 이용하는 사례가 많다. 또한 전문가뿐만 아니라 민간 차원에서도 박쥐집을 많이 설치한다. 우리나라에서도 박쥐집 설치 필요성이 널리 알려져 관련 활동이 활발해지기를 바란다.

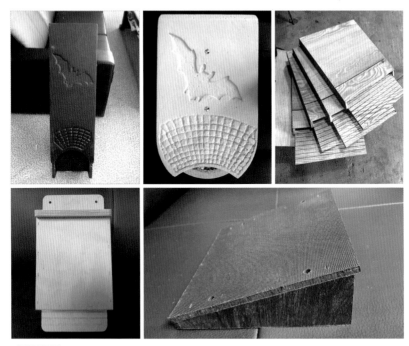

다양한 박쥐집

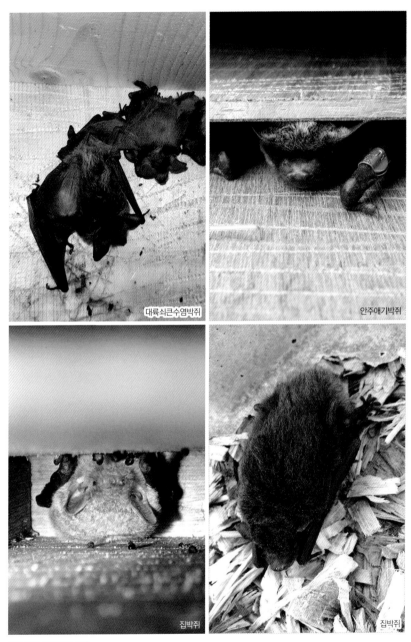

대륙쇠큰수염박쥐

안주애기박쥐

집박쥐

집박쥐

박쥐집을 이용하는 모습

인공 구조물 주변에 설치한 박쥐집

산림에 설치한 박쥐집

박쥐집 설치

교육과 홍보

박쥐는 혐오할 대상이 아니라 건강한 생태계를 유지하는 데 꼭 필요한 종이다. 그러나 이 사실을 제대로 알리지 못한다면 박쥐 연구와 그 결과물이 갖는 의미는 작아질 수밖에 없다. 교육과 홍보가 필요한 이유다.

외국에서는 전문가와 시민이 함께 박쥐 생태 연구, 공동 모니터링, 보호 단체 설립, 이미지 개선 작업(기념품 제작 등) 같은 다양한 활동을 펼치고 있다. 우리나라에서는 일부 개인이나 동호회가 나서 소규모로 교육과 홍보를 하고 있으나 정부 기관이나 시민 단체가 주도하는 심도 깊은 이론이나 현장 강의, 다양한 홍보는 이루어지지 않고 있다. 이런 교육과 홍보가 적극적으로 이루어져야만 박쥐를 향한 대중의 관심이 이어질 수 있다. 이와 더불어 박쥐를 연구하고자 하는 사람에게는 형태와 생태 관련 정보뿐만 아니라 다양한 조사 방법을 알려주는 것도 중요하다. 연구를 하고자 해도 방법을 몰라 지속하지 못하는 일이 많기 때문이다.

박쥐 조사 방법 현장 교육

다양한 박쥐 기념품

박쥐 및 서식지 보호 홍보

생태 조사와 모니터링

박쥐를 보호하고 관리하려면 무엇보다 각 종의 분포 현황과 생태 특징 연구가
앞서야 한다. 그러나 우리나라는 박쥐 연구사가 짧고 연구자도 적어서 관련 연
구 자료가 매우 부족하다. 박쥐는 하늘을 날며, 밤에 활동하고, 초음파를 이용하
는 특성이 있어 다른 포유류와 조사하는 방법이 다르고 종마다 생김새, 서식지,
습성도 제각각이기 때문에 연구하려면 오랜 시간과 경험이 필요하다. 그러므로
박쥐 조사에 참여할 전문가 양성 교육을 비롯해 우리나라 박쥐 분포와 생태 연
구가 끊임없이 이루어져야 한다.

박쥐는 연중 같은 서식지를 이용하기도 하지만 일부 종은 계절과 번식 상태 등
에 따라서 서식지를 바꾸기도 한다. 또는 우리가 인지할 수 없는 주변 환경 변화
에 따라서 기존 서식지를 찾지 않는가 하면, 박쥐가 없어 조사 대상에서 제외했
던 지역에 대규모로 나타나기도 한다. 그러므로 한 서식지에 대한 서식 실태 변
화도 장기간 모니터링해야 하며, 그 자료를 바탕으로 보호와 관리 방안을 수립
해야 한다.

생태 조사와 모니터링

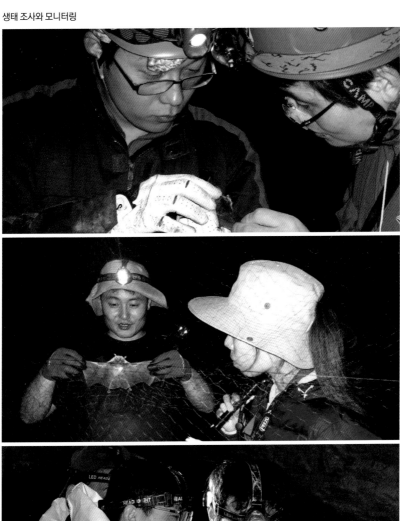

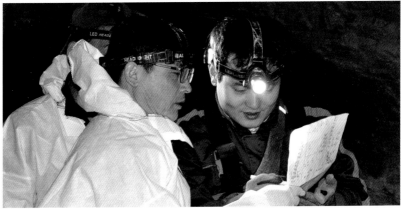

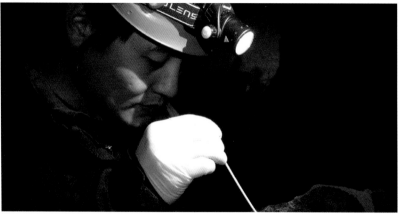

참고문헌

국립생물자원관. 2012. 한국의 멸종위기 야생동식물 적색자료집(포유류). 환경부.

김선숙, Dai Fukui, 한상훈, 허위행, 오대식. 2014. 쇠큰수염박쥐(*Myotis ikonnikovi*)의 서식지 특성. 생태와 환경. 47: 41-52.

김성철, 전영신, 한상훈, 정철운. 2018. 한국에서 집박쥐(*Pipistrellus abramus*)의 수명과 장기 생존에 관한 연구. 한국환경생물학회지. 36: 550-553.

김성철, 정철운, 전영신, 임춘우, 한상훈. 2016. GPS tag를 이용한 문둥이박쥐의 여름철 행동권 및 주간 휴식지 환경 분석. 한국환경생태학회 학술대회.

박수곤, 김유경, 김태욱, 박준호, Pradeep Adhikari, 김가람, 박선미, 이준원, 한상현, 오홍식. 2015. 제주도에서 박쥐류의 분포에 관한 연구. 한국환경생물학회지. 33: 394-402.

손성원, 오갑수, 이수일, 이정훈. 1991. 충청남북도에 서식하는 익수류(Chiroptera)의 지리적 분포. 경남대학교 환경연구소. 13: 69-79.

손성원, 최병진. 2001. 박쥐. 지성사. pp. 87-131.

손성원. 1997. 강원도에 서식하는 익수류의 지리적 분포. 경남대학교 기초과학연구소 연구논문집. pp. 211-217.

손성원. 2005. 한국 박쥐 보호와 대책. 한국환경생태학회 학술대회지. 2: 15-17.

윤명희, 손성원. 1989. 한국산 박쥐류의 계통분류학적 연구 Rhinolophidae의 1종과 Vespertilionidae의 6종에 대한 분류학적인 재검토 및 한국산 익수류상의 천이. 한국동물학회지. 32: 374-392.

윤명희, 한상훈, 오홍식, 김장근. 2004. 한국의 포유류. 동방미디어. pp. 36-94.

전영신, 김성철, 한상훈, 정철운. 2017. 익수류 4종의 음경골 형태에 관한 기초연구. 한국환경생물학회지. 35: 95-99.

전영신, 김성철, 한상훈, 정철운. 2018. 도심 경관에 서식하는 관박쥐(*Rhinolophus ferrumequinum*)의 행동권 및 서식지 이용 특성. 한국환경과학회지. 27: 665-675.

전영신, 김성철, 한상훈, 정철운. 2019. 박쥐 보호를 위한 인공 박쥐집 이용 국내 첫 사례 보고. 한국환경과학회지. 28: 163-167.

정철운, 김성철, 전영신, 한상훈. 2017. 관박쥐(*Rhinolophus ferrumequinum*)의 먹이 포획 과정에 대한 행동 및 반향정위 변화. 한국환경생물학회지. 26: 779-788.

정철운, 김성철, 전영신, 한상훈. 2017. 긴꼬리윗수염박쥐(*Myotis frater*)의 재포획 및 형태적 특징에 관한 연구. 한국환경과학회지. 26: 529-533.

정철운, 김성철, 한상훈. 2012. 소백산국립공원 일원의 익수류상. 한국환경생태학회 학술대회논문집. 22: 217-220.

정철운, 김성철, 한상훈. 2013. 교외지역에 서식하는 *Myotis aurascens*의 주간 휴식지 선택 및 행동권 크기. 한국환경과학회지. 22: 1227-1234.

정철운, 김성철, 한상훈. 2014. 문둥이박쥐(*Eptesicus serotinus*)의 귀소성에 관한 연구. 한국환경과학회지. 23: 2083-2087.

정철운, 김성철, 한상훈. 2014. 문둥이박쥐의 성장에 따른 초음파 발달 변화. 한국통합생물학회 학술발표대회. pp. 134.

정철운, 김태근, 김성철, 임춘우, 한상훈. 2015. 내장산국립공원내 서식하는 안주애기박쥐(*Vespertilio sinensis*)의 외부형태 및 채식지 환경특성. 한국환경과학회지. 24: 261-266.

정철운, 임춘우, 김성철. 2010. 한국산 익수목 3종의 반향정위 형태 비교. 한국자연보존연구지. 8: 207-214.

정철운, 한상훈, 김성대, 임춘우, 김성철, 김철영, 이화진, 권용호, 김영채, 이정일. 2011. 원격무선추적을 이용한 집박쥐 암컷의 번식단계에 따른 행동권 분석. 한국환경생태학회지. 25: 1-9.

정철운, 한상훈, 김성철, 이정일. 2009. 환경특성에 따른 집박쥐의 반향정위(Echolocation) 시그널 분석. 한국환경생태학회지. 23: 553-563.

정철운, 한상훈, 김성철, 이화진. 2014. 작은관코박쥐(*Murina ussuriensis*)의 외부형태 및 초음파 특성에 관한 기초 연구. 한국환경과학회지. 23: 521-525.

정철운, 한상훈, 김성철, 임춘우, 차진열. 2015. 문둥이박쥐(*Eptesicus serotinus*)의 생후 반향정위 발성 발달에 관한 연구. 한국환경생태학회지. 29: 858-864.

정철운, 한상훈, 이정일. 2009. 박쥐의(Chiroptera) 휴식지로서 교량 이용에 관한 연구. 한국환경생태학회지. 23: 294-301.

정철운, 한상훈, 이정일. 2010. 원격무선추적을 이용한 집박쥐의 비번식기 행동권 분석. 한국환경생태학회지. 24: 487-492.

정철운, 한상훈, 이정일. 2010. 집박쥐의 발성 시그널 발달에 관한 연구. 한국환경생태학회지. 24: 202-208.

정철운, 한상훈, 임춘우, 김성철, 이화진, 권용호, 김철영, 이정일. 2010. 한국에 서식하는 관박쥐 *Rhinolophus ferrumequinum*, 집박쥐 *Pipistrellus abramus*, 큰발윗수염박쥐 *Myotis macrodactylus*의 반향정위 형태. 한국환경과학회지. 19: 61-68.

정철운, 한상훈, 차진열, 김성철, 김정진, 정종철, 임춘우. 2015. 문둥이박쥐(*Eptesicus serotinus*)의 배설물을 이용한 먹이원 분석. 한국환경생태학회지. 29: 368-373.

정철운, 한상훈. 2015. 환경특성에 따른 안주애기박쥐(*Vespertilio sinensis*)의 반향정위 특징. 한국환경과학회지. 24: 353-358.

정철운. 2015. 야생 동식물 이야기 - 박쥐 이야기-. 한국자연환경보전협회. pp. 44-51.

한상훈, Dai Fukui, 정철운, 최용근, 김선숙, 전주민. 2011. 산림성 박쥐류의 종다양성 및 계통연구(I). 국립생물자원관. pp. 1-63.

한상훈, 김현태, 문광연, 정철운. 2015. 선생님들이 직접 만든 이야기야생동물도감. 교학사. pp. 26-47.

한상훈, 정철운, 김성철. 2016. 붉은박쥐 등 박쥐류 4종의 이동경로 및 활동 공간 조사. 국립생물자원관. pp. 1-47.

한상훈, 정철운, 최용근, 김선숙. 2012. 한국 자생생물 소리도감, 한국의 박쥐 소리. 국립생물자원관.

Abe, H. 2007. Illustrated skulls of Japanese mammals, revised ed. Hokkaido University Press, Sapporo. p. 300.

Abe, H., Ishii, N., Itoo, T., Kaneko, Y., Maeda, K., Miura, S., Yoneda, M. 2005. A guide to the mammals of Japan. Tokai University Press, Tokyo. pp. 25-64.

Abe, H., Yishie, N., Kaneco, Y., Maeda, K., Miura, S., Yoneda, M. 1994. A pictorial guide to the mammals of Japan. Japan Wildlife Research Center. pp. 38-70.

Adam, M. D., Hayes, J. P. 2000. Use of bridges as night roosts by bats in the Oregon Coast Range. Journal of Mammalogy. 81: 402-407.

Aebischer, N. J., Robertson, P. A. 1993. Compositional analysis of habitat use from animal radio-tracking data. Ecology. 74: 1313-1325.

Ahlen, I., Baagoe, H. J. 1999. Use of ultrasound detectors for bat studies in Europe: experiences from field identification, surveys, and monitoring. Acta Chiropterologica. 1: 137-150.

Akasaka, T., Yanagawa, H., Nakamura, F. 2007. Use of bridges as day roosts by bats in Obihiro. Japanese Journal of Conservation Ecology. 12: 87-93.

Aoki, Y. 2002. Notes on a colony of Japanese large noctule *Nyctalus aviator* found in Sagamihara City. Natural History Report of Kanagawa. 23: 25-26.

Appleton, B. R., McKenzie, J. A., Christidis, L. 2004. Molecular systematics and biogeography of the bent-wing bat complex *Miniopterus schreibersii* (Kuhl, 1817) (Chiroptera: Vespertilionidae). Molecular Phylogenetics and Evolution. 31: 431-439.

Atterby, H., Aegerter, J. N., Smith, G. C., Conyers, C. M., Allnutt, T. R., Ruedi, M., MacNicoll, A. D. 2010. Population genetic structure of the Daubenton's bat (*Myotis daubentonii*) in western Europe and the associated occurrence of rabies. European Journal of Wildlife Research. 56: 67-81.

Bat Research Group of Centennial Woods Fan Club. 2001. Bats in Mt. Yotei and Niseko Range, Hokkaido, Japan, No. 1. -Report on 1997–2000 Faunal Survey–. Bulletin of the Otaru Museum. 14: 127–132.

Beck, A. 1995. Fecal analyses of European bat species. Myotis. 32: 109–119.

Benda, P., Paunović, M. 2016. Myotis aurascens. The IUCN Red List of Threatened Species 2016.

Benda, P., Tsytsulina, K. A. 2000. Taxonomic revision of Myotis mystacinus group (Mammalia: Chiroptera) in the western Palearctic. Acta Soccietatis Zoologicae Bohemoslovenicae. 64: 331–398.

Bobrinskii, N. 1929. Bats of central Asia. Annu. Mus. Zool. Acad. Sci. U. S. S. R. 30: 217–244.

Bologna, S., Mazzamuto, M. V., Molinari, A., Mazzaracca, S., Spada, M., Wauters, L. A., Preatoni, D., Martinoli, A. 2018. Recapture of banded Bechstein's bat (Chiroptera, Vespertilionidae) after 16 years: An example of high swarming site fidelity. Mammalian Biology. 91: 7–9.

Brabant, R., Laurent, Y., Lafontaine, R. M., Vandendriessche, B., Degraer, S. 2016. First offshore observation of parti-coloured bat Vespertilio murinus in the Belgian part of the North Sea. Belg. J. Zool. 146: 62–65.

Briggs, B., King, D. 1998. The bat detective: A field guide for bat detection. Stag Electronics.

Brunet-Rossinni, A. K., Austad, S. N. 2004. Ageing studies on bats: a review. Biogerontology 5: 211–222.

Catto, C. M. C., Hutson, A. M. 1996. Foraging behaviour and habitat use of the serotine bats (Eptesicus serotinus) in southern England. Journal of Zoology. 238: 623–633.

Catto, C. M. C., Hutson, A. M., Racey, P. A. 1994. The diet of Eptesicus serotinus in southern England. Folia Zoologica. 43: 307–314.

Chung, C. U., Kim, S. C., Jeon, Y. S., Han, S. H. 2017. Changes in habitat use by female Japanese Pipistrelles (Pipistrellus abramus) during different stages of reproduction revealed by radio telemetry. Journal of Environmental Science International. 26: 817–826.

Chung, C. U., Kim, S. C., Jeon, Y. S., Han, S. H., Yu, J. N. 2018. The complete mitochondrial genome of long-tailed whiskered bat, Myotis frater (Myotis, Vespertilionidae). Mitochondrial DNA Part B: Resources. 3: 570–571.

Chung, C. U., Kim, T. W., Kim, Y. K., Han, S. H., Oh, H. S. 2017. Phylogenetic relationship of mitochondrial CYTB haplotypes of the greater horseshoe bat (Rhinolophus ferrumequinum) in Korea. The 58th Annual Meeting and International Symposium of Korean Society of Life Science. p. 177.

Corbet, G. B. 1978. The mammals of the Palaearctic region: a taxonomic review. British Museum (Natural History) and Cornell University Press, London and Ithaca. pp. 39–63.

Corbet, G. B., Hill, J. E. 1980. A world list of mammalian species. British Museum (Natural History), Oxford Univ. Press, London. pp. 1–226.

Corbet, G. B., Hill, J. E. 1991. A world list of mammalian species, 3rd ed. British Museum (Natural History), London. p. 243.

Csorba, G., Chou, C. H., Ruedi, M., Görföl, T., Motokawa, M., Wiantoro, S., Thong, V. D., Son, N. T., Lin, L, K., Furey, N. 2014. The reds and the yellows: a review of Asian Chrysopteron Jentink, 1910 (Chiroptera: Vespertilionidae: Myotis). Journal of Mammalogy. 95: 663–678.

Davidson-Watts, I., Walls, S., Jones, G. 2006. Differential habitat selection by Pipistrellus pipistrellus and Pipistrellus pygmaeus identifies distinct conservation needs for cryptic species of echolocating bats. Biological Conservation. 133: 118–127.

Dewa, H. 2001. Faunal survey of bats in Asahikawa area, Hokkaido, Japan II. Regional Research Annual Report of Asahikawa University. 24: 79–90.

Dewa, H., Kosuge, M. 2001. Faunal survey of bats in Asahikawa area, Hokkaido. Bulletin of Asahikawa Museum. 7: 31–38.

Dulic, B. 1981. Chromosomes of three species of Indian Microchiroptera. *Myotis*. 19: 76-82.

Endo, K. 1958. *Murina hilgendolf* (Peters) collected in Iwate Pref., northen Honshu, Japan. The Journal of the Mammalogical Society of Japan. 1: 102-103.

Endo, K. 1963. Notes on pregnant females of *Nyctalus lasiopterus* aviator Thomas. The Journal of the Mammalogical Society of Japan. 2: 61-62.

Entwistle, A. C., Harris, S., Hutson, A. M., Racey, P. A., Walsh, A., Gibson, S. D., Hepburn, I., Johnston, J. 2001. Habitat management for bats: a guide for land managers, land owners and their advisors. Joint Nature Conservation Committee, Peterborough.

Flaquer, C., Torre, I., Ruiz-Jarillo, R. 2006. The value of bat-boxes in the conservation of *Pipistrellus pygmaeus* in wetland rice paddies. Biological Conservation. 128: 223-230.

Fukuda, D., Kamijo, T., Sachiko, Y. 2006. Day roosts of parturient Ikonnikov's whiskered bat, *Myotis ikonnikovi* Ognev. Mammalian Science. 46: 177-180.

Fukui, D., Agetsuma, N. 2010. Seasonal change in the diet composition of the Asian parti-coloured bat *Vespertilio sinensis*. Mammal Study. 35: 227-233.

Fukui, D., Agetsuma, N., Hill, D. A. 2007. Bat fauna in the Nakagawa Experimental Forest, Hokkaido University. Research Bulletin of the Hokkaido University Forests. 64: 29-36.

Fukui, D., Bat Research Group of Centennial Woods Fan Club. 2001. Bats in Mt. Yotei and Niseko range, Hokkaido, Japan, No. 2.: seasonal dynamics of Asian parti-colored bat *Vespertilio superans* in and around the Centennial Woods, Kutchan. Bulletin of the Otaru Museum. 14: 133-138.

Fukui, D., Hill, D. A., Kim, S. S., Han, S. H. 2015. Echolocation call structure of fourteen bat species in Korea. Animal Systematics, Evolution and Diversity. 31: 160-175.

Fukui, D., Maeda, K., Hill, D. A., Astsumura, S., Agetsuma, N. 2005. Geographical variation in the cranial and external characters of the little tube-nosed bat, *Murina silvatica* in the japanese archipelago. Acta theriologica. 50: 309-322.

Fukui, D., Okazaki, K., Miyazaki, M., Maeda, K. 2010. The effect of roost environments on roost selection by non-reproductive and dispersing Asian parti-coloured bats *Vespertilio sinensis*. Mammal Study. 35: 99 - 110.

Funakoshi, K. 1986. Maternal care and postnatal development in the Japanese long-fingered bat, *Miniopterus schreibersi fuliginosus*. Journal of the Mammalogical Society of Japan. 11: 15-26.

Funakoshi, K. 1998. Notes on the bats and shrews from the islands of Kuchinoerabujima, Yakushima and Tanegashima, Kagosima Prefecture. Mammalian Science. 38: 293-298.

Funakoshi, K. 2010. Acoustic identification of thirteen insectivorous bat species from the Kyushu District, Japan. Mammalian Science. 50: 165-175.

Funakoshi, K., Maeda, F. 2003. Foraging activity and night-roost usage in the Japanese greater horseshoe bat, *Rhinolphus ferrumequinum nippon*. Mammal Study. 28: 1-10.

Funakoshi, K., Maeda, F., Sato, M., Ono, K. 1999. Roost selection, population dynamics and activities of the Oriental free-tailed bat, *Tadarida insignis* on the Islet of Biroujima, Miyazaki Prefecture. Mammalian Science. 39: 23-33.

Funakoshi, K., Takeda, Y. 1998. Food habits of sympatric insectivorous bats in southern Kyushu, Japan. Mammal study. 23: 49-62.

Funakoshi, K., Uchida, T. A. 1975. Studies on the physiological and ecological adaptation of temperate insectivorous bats. I. Feeding activities in the Japanese long-fingered bat, *Miniopterus schreibersi fuliginosus*. Japanese Journal of Ecology. 25: 217-234.

Funakoshi, K., Uchida, T. A. 1981. Feeding activity during the breeding season and postnatal growth in the Namie's frosted bat, *Vespertilio superan superans*. Japanese Journal of Ecology. 31: 67-77.

Funakoshi, K., Uchida, T. A. 1982. Age composition of summer colonies in the Japanese house-dwelling bat, *Pipistrellus abramus*. Journal of the Faculty of Agriculture, Kyushu University. 27: 55-64.

Goiti, U., Aihartza, J., Garin, I., Salsamendi, E. 2007. Surveying for the rare Bechstein's bat (*Myotis bechsteinii*) in northern iberian peninsula by means of an acoustic lure. Hystrix-the Italian Journal of Mammalogy. 18: 215-223.

Gunnell, K., Grant, G., Bat Conservation Trust (London). 2012. Landscape and urban design for bats and biodiversity. Bat Conservation Trust.

Hanak, V. 1970. Notes on the distribution and systematics of *Myotis mystacinus*. Bijdragen tot de Dierkunde. 40: 40-44.

Harada, M., Uchida, T. A., Yosida, T. H., Takada, S. 1982. Karyological studies of two Japanese noctule bats (Chiroptera). Caryologia. 35: 1-9.

Hattori, K. 1966. The insectivorous bat in Hokkaido. Report of the Hokkaido Institute of Public Health. 16: 69-77.

Hattori, K. 1971. Studies on the Chiroptera in Hokkaido I. Historical review, habitats and species of the Chiroptera in Hokkaido. Report of the Hokkaido Institute of Public Health. 21: 68-101.

Hendricks, P., Johnson, J., Lenard, S., Currier, C. 2005. Use of a bridge for day roosting by the Hoary Bat, *Lasiurus cinereus*. The Canadian Field-Naturalist. 119: 132-133.

Hill, J. E., Harrison, D. L., 1987. The baculum in Vespertilioninae (Chiroptera, Vespertilionidae) with a systematic review, a synopsis of *Pipistrellus* and *Eptesicus*, and the descriptions of a new genus and subgenus. Bulletin of the British Museum (Natural History), Zoology Series. 52: 225-305.

Hirakawa, H. 2007. Summer roost use of Ussurian tube-nosed bats (*Murina ussuriensis*). Bulletin of the Asian Bat Research Institute. 6: 1-7.

Horacek, I., Hanak, V. 1984. Comments on the systematics and phylogeny of *Myotis nattereri* (Kuhl, 1818). Myotis. 21: 20-29.

Horacek, I., Hanak, V., Gaisler, J. 2000. Bats of the Palearctic region: a taxonomic and biogeographic review. In: Proceedings of the VIIIth European bat research symposium. Kraków: CIC ISEZ PAN, pp. 11-157.

Imaizumi, Y. 1954. Taxonomic studies on Japanese *Myotis* with descriptions of three new forms (Mammalia: Chiroptera). Bulletin of the National Science Museum. 34: 40-62.

Imaizumi, Y. 1955. On the characters distinguishing *Eptesicus Japonensis* from *E. parvus*. The Journal of the Mammalogical Society of Japan. 1: 27-28.

Imaizumi, Y. 1955. Systematic notes on the Korean and Japanese bats of *Pipistellus savii* group. Bulletin of the National Science Museum. 2: 54-63.

Imaizumi, Y. 1970. The handbook of Japanese land mammals Vol. I. Shin-shicho-Sha. pp. 205-280.

Imaizumi, Y., Yoshiyuki, M. 1965. Taxonomic studies on *Tadarida insignis* from Japan. Jour. Mamm. Soc. Japan. 2: 105-108.

Imaizumi, Y., Yoshiyuki, M. 1969. Results of the speleological survey in South Korea 1966. XV. Cave-roosting chiropterans from South Korea. Bulletin of the National Science Museum, Tokyo. 12: 255-272.

Jennings, N. V., Parsons, S., Barlow, K. E., Gannon, M. 2004. Echolocation calls and wing morphology of bats from the West Indies. Acta Chiropterologica. 6: 75-90.

Jones, G. 1999. Scaling of echolocation call parameters in bats. Journal of Experimental Biology. 202: 3359-3367.

Jones, J. K. 1960. The least tube-nosed bat in Korea. Journal of Mammalogy. 41: 265.

Kawai, K. 2009. Chiroptera. In the wild mammals of Japan. Ohdachi, S. D., Ishibashi, Y., Iwasa, M. A., Saitoh, T. eds., Shoukadoh Book Sellers.

Kawai, K. 2015. *Myotis frater* (Allen, 1923). Ohdachi, S. D., Ishibashi, Y., Iwasa, M. A, Fukui, D., Saitoh, T. eds., The Wild Mammals of Japan. pp. 72–73.

Kawai, K., Fukui, D., Sato, M., Harada, M., Maeda, K. 2010. *Vespertilio murinus* Linnaeus, 1758 confirmed in Japan from morphology and mitohondrial DNA. Acta Chiropterologica. 12: 463–470.

Kawai, K., Nikaido, M., Harada, M., Matsumura, S., Lin, L.K., Wu, Y., Hasegawa M., Okada, N. 2003. The status of the Japanese and East Asian bats of the genus *Myotis* (Vespertilionidae) based on mitochondrial sequences. Molecular Phylogenetics and Evolution. 28: 297–307.

Kervyn, T., Lobois, R. 2008. The diet of the serotine bat: a comparison between rural and urban environments. Belgian Journal of Zoology. 138: 41–49.

Kimura, K., Takeda, A., Uchida, T. A. 1987. Changes in progesterone concentrations in the Japanese long–fingered bat, *Miniopterus schreibersii fuliginosus*. Reproduction. 80: 59–63.

Kimura, K., Uchida, T. A. 1983. Ultrastructural observations of delayed implantation in the Japanese long–fingered bat, *Miniopterus schreibersii fuliginosus*. Reproduction. 69: 187–193.

Kishida, K. 1924. Chiropera. In monograph of Japanese mammals. 1st ed. Department of Agriculture and Commerce. pp. 166–207.

Kishida, K. 1927. Introduction to the study of Japan animals. Zool. Mag., Tokyo. 39: 406–420.

Kishida, K. 1932. Proposition of a new specific name for the lesser Corean serotine. Lansania, Tokyo. 4: 1–2.

Kishida, K. 1934. The mammal fauna of the great city of Tokyo. Lansania. 6: 17–30.

Kishida, K., Mori, T. 1931. On distribution of the Korean land mammals. Zool. Mag., Tokyo. 43: 372–391.

Kondo, N., Fukui, D., Kurano, S., Kurosawa, H. 2011. A maternity colony of *Vespertilio murinus* in Ozora, Abashiri District, Hokkaido. Mammalian Science. 52: 63–70.

Kondo, N., Serizawa, Y. 2007. Summer roost of *Myotis nattereri* (Kuho, 1817) in eastern Hokkaido. Bulletin of the Asian Bat Research Institute. 6: 16–19.

Kondo, N., Serizawa, Y., Sasaki, N. 2005. Bat survey in Hamanaka town, Hokkaido. Bulletin of the Asian Bat Research Instiute. 3: 1–6.

Koopman, K. F. 1993. Order Chiroptera. in mammal species of the world: a taxonomic and geographic reference, 2nd ed. Wilson, D. E., Reeder, D. M. eds., Smithsonian Institution Press, Washington. pp. 137–241.

Koopman, K. F. 1994. Chiroptera: Systematics. in Handbook of Zoology, Volume VIII: Mammalia Niethammer, J., Schliemann, H., Starck, D. eds., Walter de Gruyter, Berlin. pp. 217.

Kuramoto, T. 1972. Studies on bats at the Akiyoshi–dai Plateau, with special reference to the ecological and phylogenic aspects. Bulletin of the Akiyoshi–dai Museum. 8: 7–119.

Kuramoto, T. 1977. Mammals of Japan (15): Order Chiroptera, genus *Rhinolophus*. Mammalian Science. 17: 31–57.

Kuramoto, T., Nakamura, H., Uchida, T. A. 1988. A survey of bat–banding on the Akiyoshi–dai Plateau. V. Results from April 1983 to March 1987. Bulletin of the Akiyoshi–dai Museum of Natural History. 23: 39–54.

Kuramoto, T., Uchida, T. A., Nakamura, H., Shimoizumi, J. 1969. Further studies on the dense mixed colony consisting of different species in cave bats. Bulletin of the Akiyoshi–dai Science Museum. 6: 47–58.

Kuranoto, T., Nakamura, H., Uchida, T. A. 1995. A survey of bat–banding on the Akiyoshi–dai Plateau. VI. Results from April 1987 to March 1993. Bulletin of the Akiyoshi–dai Museum of Natural History. 30: 37–49.

Kuranoto, T., Uchida, T. A. 1991. Life table for the Japanese long–fingered bat, *Miniopterus schreibersii fuliginosus*, on the Akiyoshidai Plateau. Bulletin of the Akiyoshi–dai Museum of Natural History. 26: 53–64.

Kuraoto, T., Nakamura, H., Uchida, T. A. 1978. Habitat selection, mode of social life and population dynamics in *Myotis macrodactylus*. Bulletin of the Akiyoshi-dai Museum. 13: 35-54.

Kuroda, N. 1934. Mammals. In Siedold's fauna Japan. Tokyo, Vol. 3. Japanesed. pp. 3.

Kuroda, N. 1938. Chiroptera. In a list of the Japanese mammals. Herald Publication, Co., Tokyo. pp. 90-111.

Kuroda, N. 1940. A Monograph of the Japanese mammals, exclusive of Sirenia and Cetacea. Sanseido Company. pp. 220-241.

Kuroda, N. 1967. On the four species of bats from Korea. Jour. Mamm. Soc. Jap. 3: 163-166.

Kusch, J., Weber, C., Idelberger, S., Koob, T. 2004. Foraging habitat preferences of bats in relation to food supply and spatial vegetation structures in a western European low mountain range forest. Folia Zoolologica. 53: 113-128.

Lacki., M. J, Hayes, J. P., Kurta, A. 2007. Bats in forests: conservation and management. The Johns Hopkins University Press.

Lin, L. K., Notokawa, M., Harada, M. 2002. Karyology of ten vespertilionid bats (Chiroptera: Vespertilionidae) from Taiwan. Zoological Studies. 41: 347-354.

Mackie, I. J., Racey, P. A. 2007. Habitat use varies with reproductive state in noctule bats (Nyctalus noctula): implications for conservation. Biological conservation. 140: 70-77.

Maeda, K. 1972. Growth and development of large noctule, *Nyctalus lasiopterus* Schreber. Mammalia. 36: 269-278.

Maeda, K. 1974. Eco-ethologie de la grande noctule, *Nyctalus lasiopterus*, a Sapporo Japon. Mammalia. 38: 461-488.

Maeda, K. 1983. Classificatory study of the Japanese large noctule, *Nyctalus lasiopterus aviator* Thomas. Zool. Mag. Tokyo. 92: 21-36.

Maeda, K. 2005. Chiroptera. In a guide to the mammals of Japan, revised ed., Abe, H. ed., Tokai University Press, Hadano. pp. 25-64.

Maeda, K., Dewa, H. 1982. Breeding habits of Japanese long-legged whiskered bat, *Myotis frater kaguyae* in Asahikawa, Japan. The Journal of the Mammalogical Society of Japan. 9: 82-87.

Maeda, K., Kawamiti, M. 1991. Report of the survey on hollow-tree dwelling bats in Shari-cho. Bulletin of the Shiretoko Museum. 12: 55-58.

Maeda, K., Uno, H. 1997. Faunal survey of bats in Bihoro, Hokkaido (1). Bihoro Museum Research Paper. 4: 33-40.

Martinoli, A. Nodari, M., Mastrota, S., Spada, M., Preatoni, D., Wauters, L. A., Tosi, G. 2006. Recapture of ringed *Eptesicus nilssonii* (Chiroptera, Vespertilionidae) after 12 years: an example of high site fidelity. Mammalia. 70: 331-332.

Masing, M., Poots, L., Randla, T., Lutsar, L. 1999. 50 years of bat-ringing in Estonia: methods and the main results. Plecotus. 2: 20-32.

Matsumura, S. 1979. Mother-infant communication in a horseshoe bat (Rhinolphus ferrumequinum nippon): development of vocalization. Journal of Mammalogy. 60: 76-84.

Matsumura, S. 1981. Mother-infant communication in a horseshoe bat (Rhinolophus ferrumequinum nippon): vocal communication in three-week-old infants. Journal of Mammalogy. 62: 20-28.

Matsumura, S. 1988. An introduction to the life strategies in bats. Tokai University press, Tokyo. pp. 192.

Matveev, V., Kruskop, S. V., Kramerov, D. A. 2005. Revlidation of *Myotis petax* Hollister, 1912 and its new status in connection with *M. daubentonii* (Kuhl, 1817) (Vespertilionidae, Chiroptera). Acta Chiopterologica. 7: 23-37.

Mech, L. D., Barber, S. M. 2002. A critique of wildlife radio-tracking and its use in national parks. Northern Prairie Wildlife Research Center. pp. 11-22.

Menzel, M. A., Menzel, J. M., Castleberry, S. B., Ozier, J., Ford, W. M., Edwards, J. W. 2002. Illustrated key to skins and skulls of bats in the southeastern and mid-Atlantic states. US Dept. of Agriculture, Forest Service, Northeastern Research Station.

Miller-Butterworth, C. M., Murphy, W. J., O'brien, S. J., Jacobs, D. S., Springer, M. S., Teeling, E. C. 2007. A family matter: conclusive resolution of the taxonomic position of the long-fingered bats, Miniopterus. Molecular Biology and Evolution, 24: 1553-1561.

Mitchell-Jones A. J., McLeish A. P. 2004. Bat workers' manual. Joint Nature Conservation Committee. pp. 22-131.

Miyao, T., Morozumi, M. 1969. Notes on the embryo-size in Japanese native bats (I). The Journal of the Mammalogical Society of Japan. 4: 87-89.

Mizuno, T. 1970. Note on *Myotis hosonoi* from Nagano. The Journal of the Mammalogical Society of Japan. 5: 70.

Mori, T. 1928. Inferences concerning the period of separation of Japanese mainland from Korea and its status, on the basis of distribution of the animals in Jeju and Tsushima Islands. The Chosen, Seoul. 1: 14-25.

Mori, T. 1928. On the Chiroptera of Korea. Zool. Mag. Tokyo. 40: 282-303.

Mori, T. 1928. The outline of land mammals of Jeju Island. Education and Culture in Chosen, Seoul. 10: 55-60.

Mori, T. 1933. On two new bats from Korea. The Journal of the Chosen National History Society. 16: 1-5.

Mori, T. 1937. Small mammals of Ulneung Island (1). Jour. Chosen Nat. Hist. Soc. 22: 40-42.

Mori, T. 1938. Small mammals of Ulneung Island (2). Jour. Chosen Nat. Hist. Soc. 23: 17-18.

Mori, T., Uchida, T. A. 1981. Ultrastructural observations of fertilization in the Japanese long-fingered bat, *Miniopterus schreibersii fuliginosus*. Reproduction. 63: 231-235.

Mori, T., Uchida, T. A. 1985. Spermiogenesis in the Japanese greater horseshoe bat, *Rhinolophus ferumequinum nippon*. Journal of the Faculty of Agriculture, Kyushu University. 29: 203-209.

Morii, M. 1976. Biological study of the Japanese house bat, *Pipistrellus abramus* (Temminck, 1840) in Kagawa Prefecture. Part 1. External, cranial and dental characters of embryos and litters. The Journal of the Mammalogical Society of Japan. 6: 248-258.

Morii, R. 2001. Seasonal changes of emergence number, sex ratio and age composition in the same colony of *Pipistrellus abrmus* in Kagawa Prefecture, Japan. Bulletin of the Biological Society of Kagawa. 28: 37-44.

Mukohyama, M. 1985. On the Oriental frosted bat, *Vespertilio orientalis*, of the Temmadate Shrine, with some biological notes. The Nature and Animals. 15: 22-26.

Mukohyama, M. 1987. Biology of bats in Aomori-ken 1. Confirmation of breeding. Journal of Aomori-ken Biological Society. 24: 31-34.

Mukohyama, M. 1996. Notes on breeding colonies of *Vespertilio superans* thomas, 1899 in Aomori prefecture, Japan. Journal of the Natural History of Aomori. 1: 9-12.

Norberg, U. M., Rayner, J. M. 1987. Ecological morphology and flight in bats (Mammalia: Chiroptera): wing adaptations, flight performance, foraging strategy and echolocation. Philosophical Transactions of the Royal Society of London. B, Biological Sciences. 316: 335-427.

Ognev, S. I. 1927. A synopsis of the Russian bats. Journal of Mammalogy. 8: 140-157.

Ono, T., Obara, Y. 1994. Karyotypes and Ag-NOR variations in Japanese vespertilionid bats (Mammalia: Chiroptera). Zoological Science. 11: 473-484.

Parsons, S., Jones, G. 2000. Acoustic identification of twelve species of echolocating bat by discriminant function analysis and artificial neural networks. Journal of Expermental Biology. 203: 2641-2656.

Pennisi, L. A., Holland, S. M., Stein, T. V. 2004. Achieving bat conservation through tourism. Journal of Ecotourism. 3: 195-207.

Podlutsky, A. J., Khritankov, A. M., Ovodov, N. D., Austad S. N. 2005. A new field record for bat longevity. The Journals of

Gerontology Series A: Biological Sciences and Medical Sciences. 60: 1366-1368.

Robinson, M. F., Stebbings, R. E. 1993. Food of the serotine bat, *Eptesicus serotinus* - is faecal analysis a valid qualitative and quantitative technique?. Journal of Zoology. 231: 239-248.

Robinson, M. F., Stebbings, R. E. 1997. Home range and habitat use by the serotine bat, *Eptesicus serotinus*, in England. Journal of Zoology. 243: 117-136.

Ruedi, M., Csorba, G., Lin, L. K., Chou, C. H. 2015. Molecular phylogeny and morphological revision of *Myotis* bats (Chiroptera: Vespertilionidae) from Taiwan and adjacent China. Zootaxa. 3920: 301-342.

Rydell, J. 1993. *Eptesicus nilssonii*. Mammalian species. 430: 1-7.

Safi, K., Konig, B., Kerth, G. 2007. Sex differences in population genetics, home range size and habitat use of the parti-colored bat (*Vespertilio murinus*, Linnaeus 1758) in switzerland and their consequences for conservation. Biological Conservation. 137: 28-36.

Sakuyama, M., Gotoh, J., Mukohyama, M. 2007. The distribution of nursery colonies of *Vespertilio superans* in inland Iwate. Study Report on Bat Conservation in Tohoku Region. 1: 14-19.

Salgueiro, P., Ruedi, M., Coelho, M. M., Palmeirim, J. M. 2007. Genetic divergence and phylogeography in the genus *Nyctalus* (Mammalia, Chiroptera): implications for population history fo the insular bat *Nyctalus azoreum*. Genetica. 130: 169-181.

Sano, A. 2000. Distribution of four cave-dwelling bat species in Ishikawa Prefecture, with references to utilization of roosts. Mammalian Science. 40: 167-173.

Sano, A. 2003. A first record of the Natterer's bat, *Myotis nattereri*, from Mie Prefecture. Wild Animals of Kii Peninsula. 7: 20.

Sano, A. 2006. Impact of predation b a cave-dwelling bat, *Rhinolphus ferrumequinum*, on the diapausing population of troglophilic moth, Goniocraspidum pryeri. Ecological Research. 21: 321-324.

Sano, A., Kawai, K., Fukui, D., Maeda, K. 2009. The wild mammals of Japan. Ohdachi, S. D., Ishibashi, Y., Iwasa, M. A., Saitoh, T. eds., Kyoto, Japan. Shoukadoh Book Sellers.

Sawada, I. 1994. A list of caves of bat habitation in Japan. Journal of the Natural History of Japan 2: 53-80.

Sawada, I., Harada, M. 1998. Redescription of *Vampirolepis multihamata* Sawada (Cestoda: Hymenolepididae) from the noctule bat, *Nyctalus aviator*. Bulletin of the Biogeographical Society of Japan. 53: 49-51.

Schnitzler, H. U., Kalko, E. K. 2001. Echolocation by insect-eating bats. We difine four distinct functional groups of bats and find differences in signal structure that correlate with the typical echolocation tasks faced by each group. Bioscience. 51: 557-569.

Shiel, C., McAney, C., Sullivan, C., Fairley, J. 1997. Identification of arthropod fragments in bats droppings. Mammal Society. 17: 3-56.

Simmons, N. B. 2005. Order Chiroptera. In mammal species of the world: a taxonomic and geographic reference, 3rd ed. Wilson, D. E., Reeder, D. M. eds., Johns Hopkins University Press. pp. 312-529.

Sutherland, W. J. 2006. Ecological census techniques: a handbook. Cambridge University Press. pp. 354-356.

Swift, S. M., Racey, P. A. 1983. Resource partitioning in two species of vespertilionid bats (Chiroptera) occupying the same roost. Journal of Zoology. 200: 249-259.

Teranishi, T. 2008. Life of bat in the Shinodachi-no-kazaana limestone-cave Mie Pref. A report on the second investigation of 'Shinodachi-no-Kaza-ana' limestone-cave, a natural monument designated by Mie prefecture. Group of Natural Science Investigators to the Second Investigation of Shinodachi-no-Kaza-ana, Inabe. pp. 45-64.

Thomas, N, M., Harrison, D. L., Bates, P. J. J. 1994. A study of the baculum in the genus *Nycteris* (Mammalia, Chiroptera, Nycteridae). Bonn. Zool. Beitr. 45: 17-31.

Thomas, N. M. 1997. A systematic review of selected Afro-Asiatic Rhinolophidae (Mammalia: Chiroptera): an evaluation of taxonomic methodologies. PhD Thesis. University of Aberdeen. pp. 211.

Thompson, M. J. A. 1982. A common long-eared bat *Plecotus auritus*: moth predator-prey relationship. Naturalist. 107: 87-97.

Tian, L., Liang, B., Maeda, K., Metzner, W., Zhang, S. 2004. Molecular studies on the classification of *Miniopterus schreibersii* (Chiroptera: Vespertilionidae) inferred from mitochondrial cytochrome b sequences. Folia Zoologica-Praha. 53: 303-311.

Tomisawa, A. 1990. List of moths fallen prey to bats 2. Journal of Research on Moths. 120: 65-68.

Tsushima, T. 1994. Development and growth of the baculum of *Pipistrellus abrmus* (Temminck, 1840). Bulletin fo the Biological Society of kagawa. 21: 39-50.

Tsytsulina, K., Dick, M. H., Maeda, K., Masuda, R. 2012. Systematics and phylogeography of the steppe whiskered bat *Myotis aurascens* Kuzyakin, 1935 (Chiroptera, Vespertilionidae). Russian Journal of Theriology. 11: 1-20.

Uchida, T. 1950. Studies on the embryology of the Japanese house bat, *Pipistrellus tralatitus abramus* (Temminck). 1. On the period of gestation and the number of litter. Journal of the Faculty of Agriculture, Kyushu University. 12: 11-14.

Uchida, T. 1953. Studies on the embryology of the Japanese house bat, *Pipistrellus tralatitus abramus* (Temminck). II. From the maturation of the ova to the fertilization, at the period of fertilization. Journal of the Faculty of Agriculture, Kyushu University. 14: 153-168.

Uchida, T. A., Mori, T. 1972. Electron microscope studies on the fine structure of germ cells in Chiroptera. I. Spermiogenesis in some bats and notes on its phylogenetic significance. Journal of the Faculty of Agriculture, Kyushu University. 26: 399-418.

Ueuma, Y., Minami, T. 1984. Notes on the hibernation of the Japanese large noctule, *Nyctalus aviator* Thomas, 1911 in Kanazawa city. Annual Report of the Hakusan Nature Conservation Center. 11: 85-86.

Uno, H., Maeda, K., Yamaki, M. 1997. Faunal survey of bats in Bihoro, Hokkaido (2). Bihoro Museum Research Paper. 5: 27-36.

Urano, M., Kasahi, T., Takamizu, Y. 2002. Distribution records of bats in Okutama region, Tokyo Prefecture (1). Notes of bats in Akiruno-shi, Ome-shi and Hinohara-mura. Science Report of the Takao Museum of Natural History. 21: 13-20.

Vaughan, N. 1997. The diets of British bats (Chiroptera). Mammal Review. 27: 77-94.

Wakabayashi, M., Yamaga, Y. 2004. The use style near the breeding site of the bat *Eptesicus nilssonii* in Bihoro. Bulletin of the Bihoro Museum. 11: 55-62.

Waldien, D. L., Hayes, J. P. 1999. A technique to capture bats using hand-held mist nets. Wildlife Society Bulletin. 27: 197-200.

Wallin, L. 1969. The Japanese bat fauna. Zool. Bidrag Fran Uppsala. 37: 223-440.

Walsh, A. L., Harris, S. 1996. Foraging habitat preferences of vespertilionid bats in Britain. Journal of Applied Ecology. 33: 508-518.

Won, C., Smith, K. G. 1999. History and current status of mammals of the Korean Peninsula. Mammal Review. 29: 59-72.

Won, H. G. 1968. Mammals of Korea. Kwahakwon Co. Ltd., Pyungyang. pp. 73-139.

Won, P. H. 1967. Chiroptera. In illustrated encyclopedia of fauna and flora of Korea. Vol. 7. Mammals. Ministry of Education, Seoul, pp. 294-375.

Won, P. O., Woo, H. C. 1958. A distribution list of the Korea birds and mammals. For. Exp. St., Inst. Agr., Suwon, Korea. pp. 96.

Xu, H., Maeda, K., Inoue, R., Suzuki, K., Sano, A., Tsumura, M., Abe, Y. 2005. Migration of young bent-winged bats, *Miniopterus fuliginosus* born in Shirahama, Wakayama Prefecture (1) Records from the years 2003 and 2004. Bulletin of Center for Natural Environment Education, Nara University of Education. 7: 31-37.

Yamamoto, T., Ueuma, Y., Nozaki, E. 2005. Fauna of Chiroptera in Mt. Hakusan, Ishikawa Prefecture - ecological survey from 1998 to 2005. Annual Report of the Hakusan Nature Conservation Center. 32: 25−30.

Yasui, S., Kamijo, T., Shigeta, M., Sato, Y. 2000. Distribution of the Ikonnikov's whiskered bat, *Myotis ikonnikovi* and its relationship to the habitat type in Tochigi Prefecture, Japan. Mammalian Science. 40: 155−165.

Yoon, M. H. 1990. Taxonomical study on four *Myotis* (Vespertilionidae) species in Korea. Korean Journal of Systematic Zoology. 6: 173−192.

Yoon, M. H. 1992. Chiroptera. In the wild mammals. Daewonsa Publishing Co., Ltd., Seoul. pp. 30−57.

Yoon, M. H. 2009. A new record of *Nyctalus furvus* (Chiroptera: Vespertilionidae) from Korea, and the description of *Tadarida teniotis* (Chiroptera: Molossidae), a rarely collected bat in Korea. Animal Systematics, Evolution and Diversity. 25: 87−93.

Yoon, M. H. 2010. Vertebrate fauna of Korea, vol. 5, No. 1: Bats. Flora and fauna of Korea. National Institute of Biological Resources. pp. 1−123.

Yoon, M. H., Andoo, K., Uchida, T. A. 1990. Taxonomic validity of scientific names in Japanese Vespertilio species by ontogenetic evidence of the penile pseudobaculum. Journal of the Mammalogical Society of Japan. 14: 119−128.

Yoon, M. H., Son, S. W. 1989. Studies on taxonomy and phylogeny of bats inhabiting Korea. Ⅰ. Taxonomical review of one rhinolophid and six vespertilionid bats, and the Korean microchiropteran faunal succession. The Korean Journal of Zoology. 32: 374−392.

Yoshiyuki, M. 1985. A systematic study of the Japanese Chiroptera. Ph.D. thesis Fac. Agr. Kyushu Univ. pp. 1−202.

Yoshiyuki, M. 1989. A systematic study of the Japanese Chiroptera. National Science Museum monographs. 7: 1−242.

Yoshiyuki, M. 1990. Notes on the genus *Nyctalus* from Japan (1). 日本の生物. 4: 74−78.

Yoshiyuki, M., Kinoshita, A. 1986. Notes on a hibernating colony of *Nyctalus aviator* Thomas, 1911 found in Kawasaki City, Kanagawa Prefecture. Natural History Report of Kanagawa. 7: 43−48.

Zagmajster, M. 2003. Display song of parti-coloured bat *Vespertilio murinus* Linnaeus, 1758 (Chiroptera, Mammalia) in southern Slovenia and preliminary study of its variability. Natura Sloveniae. 5: 2741.

Zhang, S., Zhano, H., Feng, J., Sheng, L., Li, Z., Wang, L. 2000. Echolocation calls of *Myotis frater* (Chiroptera: Hipposideridae) during search flight. Chinese Science Bulletin. 45: 1690−1692.

Zukal, J., Rehak, Z. 2006. Flight activity and habitat preference of bats in a karstic area, as revealed by bat detectors. Folia zoologica-Praha. 55: 273.

찾아보기

독자와 함께 만드는 생물 도감

〈자연과생태〉는 '사람도 자연이다. 우리 사는 모습도 생태다'라는 생각으로, 자연을 살피는 일이 나와 이웃을 살피는 일과 다르지 않다고 여기며, 자연 원리에서 사회 원리도 찾아보려고 노력합니다.

숨은 소재를 찾고, 주목받지 못하는 분야를 들여다보며, 원하는 사람이 적더라도 꼭 있어야 할 도감, 우리나라에서뿐만 아니라 전 세계 어디에서도 찾아볼 수 없는 도감을 꾸준히 펴내는 데 나란히 걸어 주실 독자 회원님을 모십니다.

회원제도 운영 취지

우리나라에는 연구자나 정보 소비자가 매우 적은 생물 분야가 많습니다. 그러므로 오랜 세월 한 분야를 파고든 연구자가 자료를 정리해 기록으로 남기려 해도 소비해 줄 독자가 적어서 도감으로 펴내기 어려운 일이 많습니다.

책으로 펴내려면 최소한 500부 이상의 독자가 확보되어야 하는데, 턱없이 못 미치는 일이 많습니다. 생물 도감을 꾸준히 받아 보려는 독자가 200~300명이라도 확보된다면 다소 소외된 분야 도감이더라도 펴낼 수 있겠다고 생각했습니다. 자연과학 여러 분야에서 묵묵히 자료를 쌓아 가는 미래 저자에게도 힘이 되리라 생각합니다.

회원이 되시면(회원 유지 기간 중)

- 연 5회 회원만을 대상으로 한 저자 강연을 들으실 수 있습니다.
- 회원 증정본 외에 책을 추가로 구입하실 경우 10% 할인해 드립니다.
- 신간 안내 및 행사 정보를 담은 소식을 보내 드립니다.
- 즐겁게 공유할 일들을 함께 궁리합니다.
- 다음 네 가지 회원 유형에 따라 〈자연과생태〉에서 새롭게 펴내는 도감을 받으실 수 있습니다.

〈생물 도감 독자 회원제도〉 안내

❶ 풀꽃 회원

- 회비는 10만 원이며, 〈자연과생태〉에서 새롭게 펴내는 생물 도감 5권을 보내 드립니다.
- 이전에 발행한 책을 원하시면 2권까지(권당 3만 원 이하 책) 대체 가능합니다.

❷ 나무 회원

- 회비는 30만 원이며, 〈자연과생태〉에서 새롭게 펴내는 생물 도감 17권을 보내 드립니다.
- 이전에 발행한 책을 원하시면 8권까지(권당 3만 원 이하 책) 대체 가능합니다.

❸ 열매 회원

- 회비는 50만 원이며, 〈자연과생태〉에서 펴내는 생물 도감 30권을 보내 드립니다.
- 이전에 발행한 책을 원하시면 10권까지(권당 3만 원 이하 책) 대체 가능합니다.

❹ 뿌리 회원(개인/단체/기업)

- 회비는 100만 원이며, 후원 회원을 일컫습니다.
- 〈자연과생태〉에서 새롭게 발행하는 생물 도감 60권을 보내 드립니다.
- 이전에 발행한 책을 원하시면 20권까지(가격 제한 없음) 대체 가능합니다.
- 발행하는 도감에 책을 펴내는 데 도움을 주신 회원 님의 이름을 싣습니다.

※ 회원으로 가입하시려면 다음 계좌로 입금하신 뒤 아래 연락처로 이름, 책 받으실 주소, 전화번호,
이메일 주소를 알려 주세요.

- **회비 계좌** : 국민은행 054901-04-142979 예금주: 조영권(자연과생태)
- **전화** : 02-701-7345~6 | **팩스** : 02-701-7347 | **이메일** : econature@naver.com

---

뿌리 회원 님, 고맙습니다.

권경숙 님	류새한 님	철수와영희 님
길지현 님	송은희 님	허운홍 님
김현순 님	이동환 님	환경교육연구지원센터 님
류동표 님	㈜수엔지니어링 님	

*이름은 가나다순입니다.